7.1.1
直接添加影子素材

7.1.2
使用影子照片合成

7.1.3
制作单个配景影子

7.2.2
鸟瞰草地的制作

7.2.2
透视草地的制作

7.3.1

透视图中倒影的处理

7.3.2

鸟瞰图中倒影的处理

7.4

水岸的制作

7.6.1

使用渐变制作天空

7.6.2

合成有云朵的天空

7.7
建筑后期处理

7.8.1
透明玻璃后期处理

7.8.2
反光玻璃后期处理

7.9
道路与斑马线的制作

7.10
绿篱的制作

7.11
山体的制作

7.12.1
渐变制作光线

7.12.2
滤镜添加光晕

7.12.3
动感模糊制作光线

7.13
铺装的制作

7.14

云雾的合成

7.15

人物配景的添加

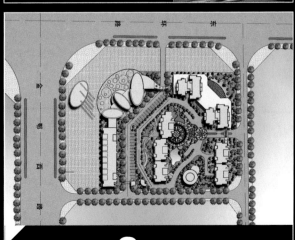

7.5

水面的制作

Chapter **8**

三室二厅彩色户型图

Chapter **9**

彩色总平面图制作

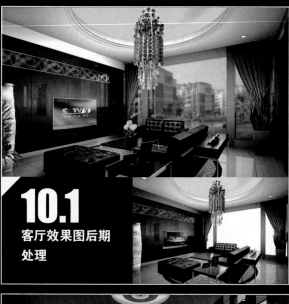

10.1
客厅效果图后期处理

10.2
卧室夜景效果图后期处理

10.3
KTV包厢效果图后期处理

10.4
酒店大堂效果图后期处理

11.1
别墅效果图后期处理

11.2
住宅小区效果图后期处理

11.3
商业步行街效果图
后期处理

12.1
社区公园效果图
景观后期处理

12.2
道路景观效果图
后期处理

13.2
商业街夜景效果图
后期处理

13.1
高层写字楼夜景效果图
后期处理

14.1
住宅小区鸟瞰图
后期处理

14.2
旅游区规划鸟瞰图
后期处理

15.2
雪景效果图表现

15.2.2
快速转换制作雪景

15.3.1
快速转换日景为雨景

15.3.2
雨景建筑效果图
后期处理

深入细节

Photoshop建筑后期表现
专业技法剖析

◎ 云海科技　编著

内 容 简 介

这是一本讲解用Photoshop CC进行建筑表现设计与制作的案例教程。全书通过大量实际案例，系统地讲解了建筑后期制作中的彩色户型图、彩色总平面图、建筑立面图、室内效果图、建筑效果图、园林景观效果图、夜景效果图和鸟瞰效果图的制作方法和相关技巧。

全书共15章，书中通过对效果图后期处理的基本知识、Photoshop CC的基础知识和基本操作的讲解，使读者对整个行业和Photoshop工具有一个全面地了解；通过讲解Photoshop抠图、颜色调整和图像处理工具对建筑效果图的相关元素进行处理的方法，为后面的综合案例制作打下坚实的基础；彩平图的内容详细介绍了建筑效果图表现中常见的彩色户型图、彩色总平面图的制作方法和技巧；最后，通过实际工程案例分别讲解室内效果图、室外建筑效果图、园林效果图的后期处理方法和相关技巧。

本书技术实用，可操作性强，既适合建筑效果图初学者学习，也可作为建筑效果图制作从业人员的参考，还可作为相关院校建筑设计、室内设计、环艺设计及其相关专业的教材。

本书配套光盘提供了全书150多个实例的素材和800多分钟的视频教学，老师手把手地进行讲解，可以大幅提高学习的兴趣和效率。

图书在版编目（CIP）数据

深入细节：Photoshop建筑后期表现专业技法剖析/云海科技 编著. —北京：清华大学出版社，2014

ISBN 978-7-302-35650-9

Ⅰ. ①深… Ⅱ. ①云… Ⅲ. ①建筑设计—计算机辅助设计—图像处理软件 Ⅳ. ①TU201.4

中国版本图书馆CIP数据核字（2014）第050768号

责任编辑： 杨如林
封面设计： 麓　山
责任校对： 徐俊伟
责任印制： 何　芊

出版发行： 清华大学出版社
　　　　　　网　址：http://www.tup.com.cn，http://www.wqbook.com
　　　　　　地　址：北京清华大学学研大厦A座　　　　　　邮　编：100084
　　　　　　社 总 机：010-62770175　　　　　　　　　　邮　购：010-62786544
　　　　　　投稿与读者服务：010-62796969，c-service@tup.tsinghua.edu.cn
　　　　　　质 量 反 馈：010-62772015，zhiliang@tup.tsinghua.edu.cn

印 装 者： 北京亿浓世纪彩色印刷有限公司
经　　销： 全国新华书店
开　　本： 188mm×260mm　　　**印　张：** 17　　　**插页：** 4　　　**字　　数：** 523千字
　　　　　　（附DVD光盘1张）
版　　次： 2014年9月第1版　　　　　　　　　　　**印　　次：** 2014年9月第1次印刷
印　　数： 1～3500
定　　价： 79.80元

产品编号： 050313-01

前　言

关于建筑后期

随着建筑行业的高速发展，建筑表现行业已经日趋成熟，分工也越来越细，一些专业的效果图公司已经将效果图制作分为前期建模、渲染和后期处理3道工序。在建筑效果图制作流程中，Photoshop的后期处理在建筑效果图的整个制作流程中起着非常重要的作用。三维软件所做的工作只是提供可供Photoshop修改的简单"粗坯"，只有经过Photoshop的处理，才能得到真实逼真的场景，因此它的重要性绝不亚于前期的建模工作。

由于建筑后期处理是效果图制作过程中的最后一个步骤，所以它的成功与否直接关系到整个效果图的成败，它要求操作人员具有深厚的美术功底，能把握住作品的整体灵魂。效果图制作高手，必定是Photoshop高手。

本书写作目的

目前市面上的效果图表现图书大多以建模和渲染为主，而对效果图后期环节要么一笔带过，要么语焉不详，缺乏系统而全面地分析和正确的制作思路引导，导致读者一头雾水，因而效果图质量难以提高。特别是随着效果图制作分工的不断细化，很多有相关美术基础的设计人员进入了效果图后期处理行业，由于他们没有建模和渲染的经验，缺乏对整个效果图制作流程的了解，有些人虽然能熟练使用Photoshop，但却不知如何下手，急需一本能讲解制作思路、处理技法和积累实战经验的图书作为入行的入门教材，本书就是为了满足基于读者上述的需求而写的。

本书通过大量实际工程案例，系统、全面、深入地讲解Photoshop在建筑表现中的应用。

本书写作特色

⇨ 零点快速起步，软件技术全面掌握。

本书从Photoshop的操作界面讲起，由浅入深，读者只要按照书中的讲解慢慢练习，没有任何基础的读者也可以全面掌握后期处理的抠图、调色、修复、合成等所有技术。

⇨ 案例贴身实战，技巧原理细心解说。

本书是一本案例类教程，用实例讲方法，从实战讲技术。每个实例都包含相应工具和功能的使用方法和技巧。在一些重点和要点处，还添加了大量的提示和技巧讲解，帮助读者理解和加深认识，达到举一反三、灵活运用的目的。

⇨ 八大后期类型，行业应用全面接触。

本书涉及的后期类型包括彩色户型图、彩色总平面图、室内效果图后期、建筑效果图后期、园林效果图后期、夜景效果图后期、鸟瞰效果图后期和特殊效果图后期八大常见后期类型，读者可以从中积累相关经验，快速适应灵活多变的后期行业要求。

⇨ 150个制作实例，后期技能快速提升。

本书的每个案例都经过作者精挑细选，具有典型性和实用性，有重要的参考价值，读者可以边做边学，从新手快速成长为后期制作高手。

⇨ 高清视频讲解，学习效率轻松翻倍。

本书配套光盘收录全书所有实例的高清语音视频教学，可以随时享受专家课堂式的讲解，成倍提高学习效率和兴趣。

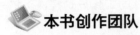

本书创作团队

本书由云海科技主编，参加本书编写的有陈运炳、申玉秀、李红萍、李红艺、李红术、陈云香、陈文香、陈军云、彭斌全、林小群、刘清平、钟睦、刘里锋、朱海涛、廖博、喻文明、易盛、陈晶、张绍华、黄柯、何凯、黄华、陈文轶、杨少波、杨芳、刘有良等。

由于作者水平有限，书中错误、疏漏之处在所难免，在感谢您选择本书的同时，也希望您能够把对本书的意见和建议告诉我们。

联系邮箱：lushanbook@qq.com。

云海科技

目 录 CONTENTS

01 Chapter

Photoshop CC与建筑表现

作为专业的图像处理软件，Photoshop一直是建筑表现中必需的处理工具。无论是建筑平面图、立面图的制作，还是透视效果图的后期处理，都离不开Photoshop软件。Photoshop功能的强大，是目前同类软件无法与之媲美的。Photoshop已成为建筑表现专业人士的首选。

本章主要介绍建筑表现的基础知识，包括建筑效果图的理论知识、建筑效果图的制作流程、Photoshop CC在建筑效果图制作中的作用、效果图后期处理的方法和原则以及效果图后期处理的发展趋势。

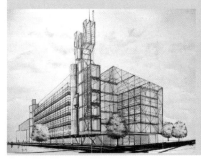

1.1 什么是建筑效果图

建筑效果图就是把环境景观建筑用写实的手法通过图像的方式进行传递。所谓效果图就是在建筑、装饰施工之前，通过施工图纸，把施工后的实际效果用真实和直观的图表现出来，让大家能够一目了然地看到施工后的实际效果。

建筑效果图主要可分为计算机效果图和手绘效果图。

顾名思义，计算机效果图又名计算机建筑画，它是随着计算机技术的发展而出现的一种新兴的建筑画绘图方式。在各种设计方案的竞标、汇报以及房地产商的广告中，都能找到计算机建筑表现图的身影。计算机建筑效果图是设计师展示其作品的设计意图、空间环境、色彩效果和材质感的一种重要手段。它根据设计师的构思，利用准确的透视制图和高超的制作技巧，将设计师们的设计意图转换成具有真实感的画面，如图1-1所示，即运用计算机制作出的建筑效果图。

手绘效果图则是完全由人工绘制，如图1-2所示，其要求制作人员有较高的绘画水平和敏感的尺度把握。由于手绘效果图受设计人员主观性的影响较大，再加上其受自身透视感的影响，对三维空间不能完全准确地把握，很容易产生偏差、变形或作图失误等。手绘效果图的优势在于它能在短时间内表现出工程竣工后的整体或者局部效果，最重要的是手绘效果图是设计师们灵感的火花。

图1-1 计算机效果图

图1-2 手绘效果图

1.2 建筑效果图的制作流程

建筑效果图制作是一门综合的艺术，它需要制作者能够灵活运用AutoCAD、3ds Max、Photoshop等软件。绘制室外电脑效果图大致可以分为分析图纸、创建模型、调配材质、设置摄影机和灯光、渲染输出以及后期处理等基本过程，其中前面几个阶段主要在3ds Max中完成，最后一个阶段则在Photoshop中完成。

1.2.1 创建模型

所谓建模，就是指根据建筑设计师绘制的平面图和立面图，使用3ds Max的各类建模工具和方法建立建筑物的三维造型，它是效果图制作过程中的基础阶段，如图1-3所示为创建的别墅模型。

由于建筑设计图一般使用AutoCAD绘制，该软件在二维图形的创建、修改和编辑方面较3ds Max更为简单直接。因此在3ds Max中建模时可以执行"文件"|"导入"命令，导入AutoCAD的平面图，然后再在此基础上进行编辑，从而快速、准确地创建三维模型，这是一种非常有效的工作方法。

1.2.2 调配材质

建模阶段只是创建了建筑物的形体，要表现其真实感，必须赋予它适当的建筑材质。3ds Max提供了强大的材质编辑能力，任何希望获得的材质效果都可以实现。材质编辑器是3ds Max的材质"制作工厂"，从中可以调节材质的各项参数和观看材质效果，如图1-4所示为指定别墅材质。

需要注意的是，材质的表现效果与灯光照明是息息相关的，光的强弱决定了材质表现的色感和质感。总之，材质的调配是一个不断尝试与修改的过程。

图1-3 创建模型

图1-4 指定别墅材质

1.2.3 设置灯光和摄影机

灯光与阴影在建筑效果图中起着非常重要的作用。建筑物的质感通过灯光得以体现，建筑物的外形和层次需要通过阴影进行刻画。只有设置了合理的灯光，才能真实地表现建筑的结构，刻画出建筑物的细节，突出场景的层次感，如图1-5所示。

在处理光线时一定要注意阴影的方向问题，在一张图中肯定不止用一盏灯光，但通常只把一盏聚光灯的阴影打开，这盏灯就决定了阴影的方向，其他灯光只影响各个面的明暗，所以一定要保证阴影方向与墙面的明暗一致。

图1-5 添加灯光和摄像机

在3ds Max中制作的建筑是一个三维模型，它允许从任意不同的角度来观察当前场景，通过调整摄影机的位置，可以得到不同视角的建筑透视图，如立面效果图、正视图、鸟瞰图等。在一般的建筑效果图制作中，大多都将摄影机设置为两点透视关系，即摄影机的摄像头和目标点处于同一高度，距地面约1.7米，相当于人眼的高度，这样所得到的透视图也最接近人的肉眼所观察到的效果。

1.3 渲染与Photoshop后期处理

渲染是3ds Max中的最后一个工作阶段。建筑主体的位置、画面的大小、天空与地面的协调等都需要在这一阶段调整完成。在3ds Max中调整好摄影机，获得一个最佳的观察角度之后，便可以将此视图渲染输出，得到一张高清晰度的建筑图像。

经3ds Max直接渲染输出的图像，往往画面单调，缺乏层次和趣味。这时就可以发挥图像处理软件Photoshop的特长，对其进行后期加工处理。在这一阶段中，整体构图是一个非常重要的概念，所谓构图就是将画面的各种元素进行组合，使之成为一个整体。就建筑效果图来说，要将形式各异的主体与配景统一成整体，首先应使主体建筑较突出醒目，能起到统领全局的作用；其次，主体与配置之间应形成对比关系，使配景在构图、色彩等方面起到衬托作用，如图1-6所示别墅后期处理效果。

图1-6 后期处理

1.4 Photoshop在建筑效果图中的作用

Photoshop后期处理是建筑效果图制图中的最后一个重要环节。利用Photoshop平面图像处理软件的目的是重点解决三维软件渲染制作中不足的地方。通过亮度/对比度、色相/饱和度等命令，可增强图像的品质，使图像变得更加明亮和清晰。而通过添加必要的天空、人物、花草树木等配景素材，烘托场景气氛，使场景变得更加生动、真实、富有情趣。

由于后期处理是效果图制作过程的最后一个步骤，所以它的成功与否直接关系到整个效果图的成败，它要求操作人员具有深厚的美术功底，能把握住作品的整体灵魂。总结Photoshop在建筑效果图后期处理中的操作步骤和具体应用，大致可归纳为以下几个方面。

1.4.1 修改效果图的缺陷

当场景复杂，灯光众多时，渲染得到的效果图难免会出现一些小的缺陷或错误，如果再返回3ds Max重新调整，既费时又费力，这时完全可以发挥Photoshop的优势，使用修复工具或颜色调整工具，轻松修改模型或由于灯光设置所造成的缺陷。这也是效果图后期处理的第一步工作。

1.4.2 调整图像的色彩和色调

调整图像的色彩和色调，主要是指使用Photoshop的"亮度/对比度"、"色调/饱和度"、"色阶"、"色彩平衡"、"曲线"等颜色、色调调整命令对图像进行调整，以得到更加清晰、颜色色调更为协调的图像，这是效果图后期处理的第二步工作。

1.4.3 添加配景

3ds Max渲染输出的图像，往往只是效果图的一个简单"粗坯"，场景单调、生硬，缺少层次和变化，只有为其加入天空、树木、人物、汽车等配景，整个效果图才显得活泼有趣，生机盎然，当然这些工作也是通过Photoshop来完成的，这是效果图后期处理的第三步工作。

1.4.4 制作特殊效果

比如制作光晕、光带，绘制水滴、喷泉，渲染为雨景、雪景、手绘效果等，以满足一些特殊效果图的需要。

1.5 效果图后期处理的原则

在进行效果图后期处理时，应遵循以下原则。

1. 配景不可喧宾夺主

配景在建筑效果图中的作用主要是烘托主体、丰富画面、均衡构图、增加画面真实感，说到底，它还只是一个"配角"。有些建筑效果图初学者，在添加配景时往往求全求多，辅助建筑、汽车、人物、树木样样齐全，而主体建筑所占整个画面的比例还不及配景，许多建筑的重要部分都被遮挡，严重影响了建筑设计构思的表达，这就犯了"过犹不及"的错误。因此配景素材的表达和刻画既要精细，也要有所节制，注意整个画面的搭配与协调，和谐与统一。

2. 恰当选择配景，契合整体

在选择配景时，还应根据整个画面的布局，以及建筑的特点来选材。不同的建筑类型所选择的后期素材是有区别的。例如，园林类效果图要求色彩清新，办公场地类效果图要求庄重严肃，别墅类效果图要求幽静雅致，临街效果图则要求热闹繁华。

在选择配景时，还应根据整个效果图的画面布局需要灵活选择。

3. 正确把握尺度及色彩明暗关系

使用配景时，应处理好近大远小的透视关系和近实远虚的空间关系，远景、中景和近景的配景素材应通过形体比例、色彩明暗、饱和度、对比度及清晰度的变化分出层次，增强场景的空间感。制作阴影时，配景素材的受光面与阴影的关系应与场景的光照方向保持一致，阴影要有透明感。

图1-7中的小船的尺寸明显把握不准确，而图1-8则正确地把握了小船的尺寸，使场景构图和谐自然。

图1-7 问题尺度场景

图1-8 准确尺度场景

4. 尽量贴近现实

后期素材在于平时的发现和积累，一般用真实的照片取材会比较贴近现实，而人为的造景则可能显得生硬，处理痕迹也常会显露出来，致使整个效果图显得不真实，所以在后期处理中要尽量贴近现实取材，例如斑驳的树林影子，或错落有致的花丛、草丛，以及画面感丰富的水面和天空等，来源于生活，贴近于生活，则自然真实。

1.6 效果图后期处理的方法

效果图后期的处理主要包括绿化的处理、水体的处理、道路铺装的处理、人物和车辆的处理及其他配景的处理。

1.6.1 绿化的处理

1. 树木

树木的后期处理主要是远景树木、中景树木、近景树木的处理，如图1-9所示为后期效果图中的近景、中景及远景的表现。

◎ 远景树木：形态轮廓要高低错落，起伏自然；均衡构图，映衬主体建筑；总图色调偏冷灰，反映一部分天空色；明度、饱和度、对比度及清晰度相对较低；不强调体积感和光感，但自身内部要有一定的明暗层次变化；一般没有阴影。

◎ 中景树木：紧贴和接近主体建筑，应着重描绘；比例大小适当，光影明暗关系要确定，且与场景保持一致；色感清晰，有一定体积感，有阴影。

图1-9 后期效果图

◎ 近景树木：形态轮廓、大小位置不应对主体建筑的梯形判断产生干扰；色调偏暗，不应强调体积感、纹理质感；明暗变化宜平淡，只需注意外形轮廓的剪裁，产生剪影效果；近景树木的阴影是充实近景，丰富草坪和道路效果的重要手段。

2. 草地

草地的处理主要有三种方法：Photoshop制作法、直接调用法及合成法，如下所述。

图1-10 直接调用草地

◎ Photoshop制作法：主要利用"渐变"工具进行线性渐变，利用"滤镜"工具添加杂色进行制作。制作出来的草地写意性强，多用于彩色平面规划图。

◎ 直接调用法：真实感强，不用进行过多的调整，单体建筑后期处理中较常用。但其对素材的要求较高，其透视及色彩必须与主体建筑协调。如图1-10所示为使用直接调用法添加的草地。

◎ 合成法：即调用几种不同的草地素材进行合成处理，制作效果颜色绚丽，富于变化，鸟瞰图中常用。

3. 灌木与花卉

◎ 注意透视关系，比例大小和光影色调的协调。

◎ 常用于中景和近景中，可使草地空间透视感增强。

◎ 巧妙地使用灌木和花卉可掩盖画面的不足之处，如建筑底部的悬空。

1.6.2 水体

水是万物之灵，生存之本。水体处理在建筑效果图中主要是对水面和瀑布喷泉的处理。各种形态水体的处理方法大同小异，都需要添加素材，然后对素材进行处理。

1.6.3 道路铺装的处理

1. 道路

一般建筑物前的道路采用冷灰色即可，明度较浅，显得有光感。当然道路本身应有一定的明暗变化，以增强空间感，避免呆板。

2. 铺装

铺装应符合场景本身的透视关系，路面边缘虚化，与地面草地自然融合，并且颜色与周边环境相协调。

1.6.4 人物和车辆的处理

1. 人物

人物配景为建筑尺寸提供参照，烘托主体建筑，增加场景的透视感和空间，使画面贴近生活，富有生活气息。

2. 车辆

车辆透视关系以道路为准，比例关系以人物为准，其阴影不必过分追求形体轮廓，简单绘制即可。

1.6.5 其他配景的处理

其他配景如建筑小品、园林小品、飞鸟、热气球等的处理也是遵循相同的原则，方法大同小异，可灵活运用。

02 Chapter

Photoshop CC快速入门

　　作为专业的图像处理软件，Photoshop一直是建筑表现的主力工具之一。无论是建筑平面图、立面图制作，还是透视效果后期处理，都可以看到Photoshop的身影。Photoshop图像处理功能的强大，是许多同类软件所不能媲美的，目前已经成为建筑表现专业人士的首选。本章将简单介绍Photoshop CC的工作界面，常用文件格式，以及它在建筑表现中的应用，使读者对Photoshop CC有一个大概的了解和认识。

2.1 Photoshop CC界面简介

随着版本的不断升级，Photoshop的工作界面布局也更加合理，更加人性化。运行Photoshop CC软件，选择"文件"|"打开"命令，打开一张图片后，就可以看见到类似于如图2-1所示的工作界面。

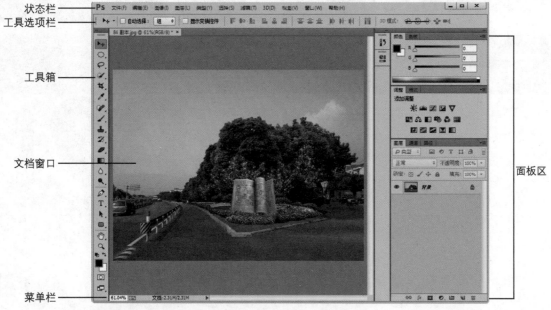

图2-1 Photoshop CC工作界面

从图2-1中可以看出，Photoshop CC的工作界面由"菜单栏"、"工具选项栏"、"文档窗口"、"工具箱"、"面板区"、"状态栏"等几个部分组成，下面简单讲解界面的各个构成要素及其功能。

2.1.1 菜单栏

Photoshop CC的菜单栏包含了"文件"、"编辑"、"图像"、"图层"、"类型"、"选择"、"滤镜"、"3D"、"视图"、"窗口"和"帮助"11个菜单，通过运用这些命令，可以完成Photoshop CC中的大部分操作。菜单栏分门别类地放置了Photoshop CC的大部分操作命令，这些命令往往使初学者感到眼花缭乱，但实际上只要了解每一个菜单的特点就能掌握命令的用法。

例如，"文件"菜单是一个集成了文件操作命令的菜单，所有对文件进行的操作命令，例如"新建"、"页面设置"等命令，都可以在该菜单栏中找到并执行。

又如，"编辑"菜单是一个集成了编辑类操作命令的菜单，如果要进行"复制"、"剪切"、"粘贴"等操作，则可以在此菜单下选择相应的命令。

1. 菜单分类

菜单栏中的11个菜单分别如下。

◎ 集成了文件操作命令的"文件"菜单。
◎ 集成了在图像处理过程中使用较为频繁的编辑类操作命令的"编辑"菜单。
◎ 集成了图像大小、画布及图像颜色操作命令的"图像"菜单。
◎ 集成了各类图层操作命令的"图层"菜单。
◎ 集成了大量文字操作命令的"类型"菜单。
◎ 集成了选区操作命令的"选择"菜单。
◎ 集成了大量滤镜命令的"滤镜"菜单。
◎ 集成了强大3D功能的"3D"菜单。

◎集成了对当前操作图像的视图进行操作的命令的"视图"菜单。

◎集成了显示或隐藏不同面板命令窗口的"窗口"菜单。

◎集成了各种帮助信息的"帮助"菜单。

掌握了菜单的不同功能和作用后，在查找命令时就不会茫然不知所措，能够快速找到所需的命令。需要使用某个命令时，首先单击相应的菜单名称，然后从下拉菜单列表中选择相应的命令即可。

> **提示**
>
> 一些常用的菜单命令都设置了快捷键，如"曲线"命令的快捷键为Ctrl+M，在键盘上按下Ctrl+M键，可以快速打开"曲线"对话框，牢记一些常用的命令快捷键，有利于加快操作速度、提高工作效率。

2. 菜单命令的不同状态

了解菜单命令的状态，对于正确地使用Photoshop是非常重要的，因为不同的命令在不同状态，其使用方法不尽相同。

（1）子菜单命令

在Photoshop CC中，某些命令从属于一个大的菜单项，且本身又具有多种变化或操作方式，为了使菜单组织地更加有效，Photoshop CC使用了子菜单模式，如图2-2所示。此类菜单命令的共同点是在其右侧有一个黑色的小三角形。

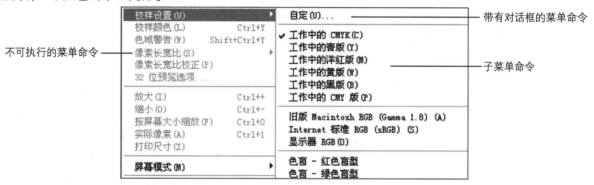

图2-2 具有子菜单的菜单

（2）不可执行菜单命令

许多菜单命令有一定的运行条件，当命令不能执行时，菜单命令文字呈灰色，如图2-2所示。例如对CMYK模式而言，许多滤镜命令不能执行，因此要执行这些命令时，必须清楚这些命令的运行条件。

（3）带有对话框的菜单命令

在Photoshop中，多数菜单命令被执行后都会弹出对话框，只有通过正确设置这些对话框，才可以得到需要的效果，此类菜单的共同点是其名称后带有省略号。

3. 设置工作区域

Photoshop中的工作区包括文档窗口、工具箱、菜单栏和各种面板。Photoshop提供了适合不同任务的预设工作区，同时也可以根据自己的需要自定义工作区，如需显示新增功能菜单可执行"窗口"|"工作区"|"新增功能"命令，这样具备新功能的菜单会突出显示，如图2-3所示。其中有蓝底显示的是具有新增功能的菜单命令。

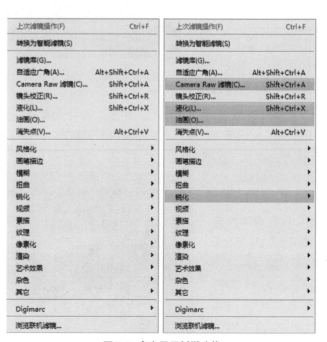

图2-3 突出显示新增功能

2.1.2 工具箱

工具箱是Photoshop处理图像的"兵器库"，包括选择、绘图、编辑、文字等共40多种工具。随着Photoshop版本的不断升级，工具的种类与数量在不断增加，同时更加人性化，操作也更加方便、快捷。工具箱位于工作界面的左侧，是Photoshop CC工作界面的重要组成部分。工具箱中共有上百个工具可供选择，使用这些工具可以完成绘制、编辑、观察、测量等操作。

1. 查看工具

要使用某个工具，直接单击工具箱中该工具的图标，将其激活即可。通过工具图标，可以快速识别工具种类。例如画笔工具图标就是画笔形状 ，橡皮擦工具是一块橡皮擦的形状 。

Photoshop CC具有自动提示功能，当不知道某个工具的含义和作用时，将光标放置于该工具图标上2秒左右，屏幕上即会出现该工具的名称及操作快捷键的提示信息。

01 运行Photoshop CC，执行"文件"|"打开"命令，打开"游泳池.psd"文件，如图2-4所示。

02 将光标放置"移动工具" 图标上2秒钟，屏幕上自动显示工具的名称，如图2-5所示。选中"人物"图层并将人物拖至前面的位置。

03 执行"编辑"|"变换"|"缩放"命令，显示定义框，按Shift+Alt快捷键，按住一个控制点往外拖动，同比例放大对象，如图2-6所示。

04 按Enter键，确定缩放，如图2-7所示。

图2-4 打开文件

图2-5 选择工具

图2-6 放大对象

图2-7 确定缩放

2. 显示隐藏的工具

在Photoshop的工具箱中，许多工具并没有直接显示出来，而是以成组的形式隐藏在右下角带小三角形的工具按钮中。按下此按钮保持1秒钟左右，即可显示该组中的所有工具。

01 单击套索工具按钮 ，并在图标上停留一下，便可显示该组中的所有工具，在工具组中选择多边形套索工具 ，如图2-8所示。

02 在阳台的位置建立一个如图2-9所示的选区。

03 通过相同的方法，单击减淡工具 右下角的小三角形，显示

图2-8 选区工具

图2-9 建立选区

工具组，选择加深工具，如图2-10所示。

04 加深选区内容，如图2-11所示，按Ctrl+D快捷键，取消选区。

图2-10 选择工具　　　　　　　　　　　图2-11 加深选区

> **提示**
>
> 用户也可以使用快捷键来快速选择所需的工具，可以通过将光标放在一个工具上并停留片刻，就会显示工具名称和快捷键信息，如魔棒工具的快捷键为W，按下W键即可选择魔棒工具。按Shift+工具组快捷键，可以在工具组各工具之间快速切换，例如按Shift+W快捷键，可在魔棒工具 和快速选择工具 之间切换。

3. 切换工具箱的显示状态

　　Photoshop CC工具箱有单列和双列两种显示模式。单击工具箱顶端的双箭头 ，可以在单列和双列两种显示模式之间切换，当使用单列显示模式时，可以有效节省屏幕空间，使图像的显示区域更大，以方便用户的操作。

01 文件打开后，默认状态下工具箱以单列的形式显示，如图2-12所示。

02 单击工具箱顶端的双箭头 ，可以将单列显示模式切换为双列显示模式，如图2-13所示。

图2-12 工具箱单列模式

图2-13 双列显示模式

03 单击工具箱不放并向外拖动，可以将工具箱移至想要的位置上，如图2-14所示。

04 还原工具箱的位置，当出现蓝色的横线时放开鼠标，即可将完成这一操作，如图2-15所示。

05 执行"窗口" | "工具"命令，可以关闭工具箱。

图2-14 移动工具箱

图2-15 还原工具箱的位置

2.1.3 工具选项栏

1. 设置工具选项栏

　　每当在工具箱中选择了一个工具后，工具选项栏就会显示出相应的工具选项，以便对当前所选工具的参数进行设置。工具选项栏显示的内容随选取工具的不同而不同。工具选项栏是工具箱中各个工具功能的延伸与扩展，通过适当设置工具选项栏中的选项，不仅可以有效增加工具在使用中的灵活性，而且能够提高工作效率。

01 运行Photoshop CC，选择"文件"｜"打开"命令，打开"素材.jpg"文件，如图2-16所示。

02 新建一个图层，设前景色为黑色，选择画笔工具 ，在工具选项栏中设置相关的参数值，如图2-17所示。

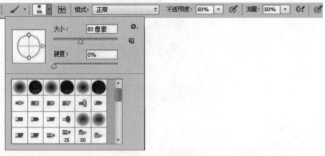

图2-16 打开文件　　　　　　　　图2-17 画笔选项栏

03 草地的位置上，涂抹出黑色做为阴影，如图2-18所示。

04 在涂抹处理过程中，可以更改工具选项栏中的参数值，将不透明度改为30%，继续涂抹草地，如图2-19所示。

05 在细节处理的过程中，涂抹得过多时，可选择橡皮擦工具  进行擦除，此时工具选项栏中的选项内容已发生变  化，重新设置橡皮擦的选项参数，如图2-20所示。

图2-18 涂抹阴影　　　　　　　　图2-19 涂抹阴影

06 在阴影过多的地方上涂抹，将其擦除，如图2-21所示。

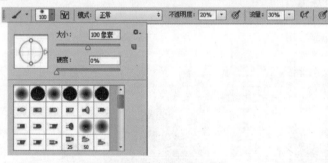

图2-20 橡皮擦工具选项栏　　　　　　　　图2-21 擦除多余阴影

2. 显示/隐藏选项栏

Photoshop中提供了显示/隐藏选项栏这一命令，在查看图像效果时，可将选项栏进行隐藏，执行"窗口"｜"选项"命令，可以显示或隐藏工具选项栏，如图2-22所示。

图2-22 隐藏/显示选项栏

3. 移动工具选项栏

单击并拖动工具选项栏最左侧的▓图标，可移动它的位置，还原选项栏时，拖动到出现蓝色的横线时释放鼠标左键即可完成，如图2-23所示。

图2-23 移动工具选项栏

2.1.4 面板

面板是Photoshop CC的特色界面之一，默认位于工作界面的右侧。它们可以自由地拆分、组合和移动。通过面板，可以对Photoshop图像的通道、图层、路径、历史记录、动作等进行操作和控制。面板作为Photoshop CC必不可少的组成部分，增强了Photoshop CC的功能，并使其操作更加灵活多样。大多数操作高手能够在很少使用菜单命令的情况下完成大量操作任务，就是因为频繁使用了面板的强大功能。

1. 选择面板

打开Photoshop CC软件后，在工作界面的右侧位置上有一个默认面板，下面介绍选择面板的知识。

01 运行Photoshop CC，选择"文件"|"打开"命令，打开"素材.jpg"文件，在窗口的右侧停靠着系统默认的面板，如图2-24所示。

02 我们可以根据需要打开、关闭或是自由组合面板，单击面板组右上角的双箭头▶▶，可以将面板折叠为图标状态，如图2-25所示。

图2-24 默认面板　　　　　　图2-25 折叠面板

03 单击一个图标可以展开相应的面板，如图2-26所示。

04 单击"调整"面板中的"亮度/对比度"按钮▓，建立"亮度/对比度"调整图层，设置相关的参数，如图2-27所示。

图2-26 展开面板　　　　　　图2-27 "亮度/对比度"调整参数

05 设置完毕后，关闭"亮度/对比度"参数窗口，单击"自然饱和度"按钮▽，建立"自然饱和度"调整图层，设置参数，如图2-28所示。

06 设置完毕后，关闭"自然饱和度"参数窗口。

07 这是在Photoshop CC中默认的面板操作，执行"窗口"菜单命令，在子菜单中有多个不同类型的面板可帮助我们完成设计任务，如图2-29所示。

图2-28 "自然饱和度"调整参数　　　　　图2-29 "窗口"菜单

2. 拉伸面板

将光标移动至面板底部或左右边缘处，当光标呈↕或↔形状时，单击鼠标并上下或左右拖动鼠标，可以拉伸面板。

01 执行"窗口"|"导航器"命令，如图2-30所示。

02 拖动面板右侧边框，可以调整面板的宽度，拖动面板下方的边框，可以调整面板的高度，拖动面板右下角，可同时调整面板的宽度和高度，如图2-31所示。

3. 分离与合并面板

将光标移动至面板的名称上，单击并拖至窗口的空白处，可以将面板从面板组中分离出来，使之成为浮动面板，如图2-32所示。

图2-30 打开导航器　　　　　图2-31 拉伸面板

图2-32 分离面板

反之将其拖至其他面板名称的位置，释放鼠标左键，可以将该面板放置在目标面板组中。

4. 连接面板

将光标移至面板名称上，单击鼠标并将其拖至另一个面板下，当两个面板的链接处显示为蓝色时，释放鼠标可以将两个面板连接，如图2-33所示。面板连接后，当拖动上方的面板时，下面的连接面板也会相应地移动。

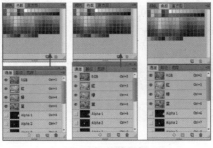

图2-33 连接面板　　　　　图2-34 最小化面板

5. 最小化/关闭面板

单击面板上的灰色部分，如图2-34所示，可以最小化面板，再次单击，可以还原；单击面板右上角的关闭按钮，可以关闭面板。运用"窗口"菜单的命令也可以显示或关闭面板。

6. 打开面板菜单

单击面板右上角的 按钮，可以打开面板菜单。面板菜单中包含了当前面板的各种命令。例如，

执行"导航器"面板菜单中的"面板选项"命令，可以打开"面板选项"对话框，如图2-35所示。

图2-35 打开面板菜单

> **提 示**
>
> 在任意面板上方单击鼠标右键，可以打开如图2-36所示的快捷菜单，选择"关闭"选项，可以关闭当前的面板；选择"关闭选项卡组"选项，可以关闭当前的面板组群；选择"折叠为图标"选项，可以将当前面板组最小化为图标；选择"自动折叠图标面板"选项，可以自动将展开的面板最小化。

图2-36 面板右键菜单

2.1.5 状态栏

状态栏位于界面的底部，用于显示用户鼠标指针的位置以及与用户所选择的元素有关的提示信息，如当前文件的显示比例、文件大小、工具等信息。单击状态栏中的 按钮，可以打开如图2-37所示的菜单，在菜单中可以选择状态栏中显示的内容。

状态栏快捷菜单中各选项的含义如下：

◎ Adobe Drive：显示文档的Adobe Drive工作组状态，只有在启动了Adobe Drive时，该项才可用。

◎ 文档大小：显示图像中数据量的信息。选择该项后，状态栏中会出现两组数字，左边的数字表示拼合图层并存储后的文件大小，右边的数字表示没有拼合图层和通道的近似大小。

图2-37 状态栏

◎ 文档配置文件：显示图像所使用的颜色配置文件的名称。

◎ 文档大小：显示图像的尺寸。

◎ 测量比例：显示文档的比例。

◎ 暂存盘大小：显示系统内存和PhotoshopCC暂存盘的信息。选择该项后，状态栏中会出现两组数字，左边的数字表示当前正在处理的图像分配的内存量，右边的数字表示可以使用的全部内存量。如果左边的数字大于右边的数字，Photoshop CC将启用暂存盘作为虚拟内存。

◎ 效率：显示执行操作实际花费时间的百分比。当效率为100%时，表示当前处理的图像在内存中生成，如果该值低于100%，则表示Photoshop CC正在使用暂存盘，操作速度也会变慢。

◎ 计时：显示完成上一次操作所用的时间。

◎ 当前工具：显示当前使用的工具名称。

◎ 32位曝光：用于调整预览图像，以便在计算机显示器上查看32位/通道高动态范围（HDR）图像的选项，只有文档窗口显示HDR图像时该选项才可以使用。

◎ 储存进度：储存文件时会显示百分比，当显示的百分比为100%时则表示储存完成。

> **技 巧**
>
> 在状态栏上按下鼠标左键不放，可以查看图像信息，如图2-38所示。

宽度：3500 像素（123.47 厘米）
高度：2500 像素（88.19 厘米）
通道：12(RGB 颜色，8bpc)
分辨率：72 像素/英寸

图2-38 图像信息

2.1.6 文档窗口

在Photoshop CC窗口中打开一个图像时，便会创建一个文档窗口。如果打开多个图像，那么它们会停放到选项卡中。

01 运行Photoshop CC，选择"文件"|"打开"命令，分别打开两张效果图文件，成白色状态的为显示窗口，如图2-39所示。

02 单击一个文档的名称，即可将其设置为当前操作的窗口，或按下Ctrl+Tab快捷键，可以按照前后顺序切换窗口，按下Ctrl+Shift+Tab快捷键，可按照相反的顺序切换窗口，如图2-40所示为切换文档窗口。

图2-39 打开两个文件　　　　　图2-40 切换文件窗口

03 单击"旅游景点效果图"标题栏并将其从选项卡中拖出，它便成为一个可以任意移动位置的浮动窗口（拖动标题栏可以进行随意移动），如图2-41所示。

04 拖动"旅游景点效果图"窗口的一角，可以调整窗口的大小，如图2-42所示。

图2-41 移动文档窗口　　　　　图2-42 调整窗口效果

05 将"旅游景点效果图"窗口的标题栏拖动到选项卡中，当出现蓝色横线时放开鼠标，可以将窗口重新停放到选项卡中，如图2-43所示。

06 在操作的过程中，如果打开的图像窗口较多，导致选项卡不能全部显示名称，可单击选项卡右侧的双箭头按钮，在打开的下拉菜单中寻找需要的文档，如图2-44所示。

图2-43 重新停放窗口　　　　　图2-44 查寻窗口

> **注意**
>
> 使用移动工具可以将一个图像拖入另一个打开的文档中。

2.2 图像操作的基本概念

在开始学习建筑后期效果图处理之前，应该了解一些有关图像方面的专业知识，这将有利于制作图像。

2.2.1 图像类型

图像文件大致可以分为两大类：一类为位图图像，另一类为矢量图形。了解和掌握这两类图像间的差异，对于创建、编辑和导入图片都有很多帮助。

1. 位图

位图也叫像素图，是由许多大小相等的小方块，即像素或点的网格组成的，与矢量图形相比，位图的图像更容易模拟照片的真实效果。它的工作方式就像是用画笔在画布上作画一样。将这类图像放大到一定的程度后，就会发现它是由一个个小方格组成的，如图2-45所示。这些小方格被称为像素点。一个像素点是位图图像中最小的图像元素。一幅位图图像可以包括几百万个像素，因此位图的大小和质量取决于图像中像素点的多少。

图2-45 放大显示的位图图像

2. 矢量图

矢量图也叫面向对象绘图，是用数学方式描述的曲线及曲线围成的色块制作的图形，它们在计算机内部表示成一系列的数值而不是像素点，这些值决定了图形如何显示在屏幕上。由于保存图形信息的方法与分辨率无关，因此无论放大或缩小多少，都有一样平滑的边缘，一样的视觉细节和清晰度。如图2-46所示，在将矢量图形放大后，矢量图形的边缘并没有产生锯齿效果。

图2-46 放大显示的矢量图形

2.2.2 图像文件格式

在Photoshop CC中进行建筑图像合成时，需要导入各种文件格式的图片素材。因此，熟悉一些常用图像格式的特点及其适用范围，就显得尤为重要，下面介绍这方面的相关知识。

1. PSD格式

PSD格式是Adobe Photoshop 软件的专用格式，也是新建和保存图像文件的默认格式。PSD格式是唯一可支持所有图像模式的格式，并且可以储存在Photoshop中制作的所有图层、通道、参考线、注释（历史记录除外）等信息。因此，对于没有编辑完成，下次还需要进行编辑的文件最好保存为PSD格式。

当然PSD格式也有其缺陷，由于保存的信息较多，相比其他格式的图像文件而言，PSD保存时所占用的磁盘空间要大得多。另外，由于PSD是Photoshop专用格式，许多软件（特别是排版软件）都不提供直接支持，因此，在图像编辑完成之后，应将图像转换为兼容性好并且占用磁盘空间小的图像格式，如JPG、TIFF等格式。

2. BMP格式

BMP是Windows平台标准的位图格式，使用非常广泛，一般软件都提供了对它非常好的支持。BMP格式支持RGB、索引颜色、灰度和位图颜色模式，但不支持Alpha通道。

3. GIF格式

GIF格式也是一种非常通用的图像格式，由于此格式最多只能保存256种颜色，且使用LZW压缩方式压缩文件，因此GIF格式保存的文件非常轻便，不会占用太多的磁盘空间，非常适合Internet上的图片传输。GIF格式还可以保存动画。

4. JPEG格式

JPEG是一种高压缩率的有损压缩真彩色图像文件格式，其最大特点是文件比较小，可以进行高倍率的压缩，在注重文件大小的领域应用广泛，比如网络上绝大部分要求高颜色深度的图像都是使用JPEG格式的。JPEG格式是压缩率最高的图像格式之一，这是由于JPEG格式在压缩保存的过程中会以失真最小的方式丢掉一些肉眼不易察觉的数据，因此保存后的图像与原图会有所差别，没有原图的质量好，不宜在印刷、出版等高要求的场合下使用。

5. PDF格式

Adobe PDF是Adobe公司开发的一种跨平台的通用文件格式，能够保存任何源文档的字体、格式、颜色和图形，且不管创建该文档所使用的应用程序和平台。Adobe Illustrator、Adobe PageMaker和Adobe Photoshop程序都可以直接将文件储存为PDF格式。Adobe PDF文件为压缩文件，任何人都可以通过免费的Acrobat Reader程序进行共享、查看、导航和打印。PDF格式除支持RGB、Lab、CMYK、索引颜色、灰度和位图颜色模式外，还支持通道、图层等数据信息。

Photoshop可以直接打开PDF格式的文件，并可以将其进行光栅处理，变成像素信息。对于多页的PDF文件，可在打开PDF文件对话框中设定打开的是第几页文件，PDF文件被Photoshop打开后便成为一个图像文件，可将其储存为PSD格式。

6. PNG图像格式

PNG是Portable Network Graphics（轻便网络图像）的缩写，是Netscape公司专为互联网开发的网络图像格式，不同于GIF格式图像的是，它可以保存24位的真彩色图像，并且支持透明背景和消除锯齿边缘的功能，可以在不失真的情况下压缩保存图像，但由于并不是所有的浏览器都支持PNG格式，所以该格式的使用范围没有GIF和JPEG广泛。

7. Photoshop EPS

EPS是Encapsuiated PostScript首字母的缩写。EPS可以说是一种通用的行业标准格式，可同时包含像素信息和矢量信息，除了多通道模式的图像之外，其他模式都可储存为EPS格式，但是它不支持Alpha通道。EPS格式文件可以支持剪贴路径，在排版软件中可以产生镂空或蒙版效果。

8. TGA图像格式

一种通用性很强的真彩色图像文件格式，有16位、24位、36位等多种颜色深度可供选择，它可以带有8位的Alpha通道，并且可以进行无损压缩处理。

9. TIFF图像格式

TIFF格式是印刷行业标准的图像格式，通用性很强，几乎所有的图像处理软件和排版软件对此格式都提供了很好的支持，因此广泛应用于程序之间和计算机平台之间进行图像数据交换。

TIFF格式支持RGB、CMYK、Lab、索引颜色、位图与灰度颜色模式，并且它在RGB、CMYK和灰度三种颜色模式中还支持使用通道、图层和路径，可以将图像中路径以外的部分在置入到排版软件（如PageMaker）中时变为透明。

2.2.3 什么是像素

像素的英文是Pixels，它是由元素和图片两个词组成的，可以将一幅图像看成是由无数个点组成的，其中，组成图像的一个点就是一个像素，像素是构成图像的最小单位，它的形态就是一个小方块。如果把位图图像放大到数倍，会发现这些连续色调其实是由许多色彩相近的小方块所组成的，而这些小方块就是构成位图图像的最小单位"像素"，如图2-47所示。

图2-47 位图图像局部放大后显示的像素效果

2.2.4 什么是分辨率

在位图图像中，图像的分辨率是指图像中单位长度上的像素数目，一般以数值表示，例如800像素X600像素或1024像素X768像素。一般来说，分辨率是指计算机的图像对于用户是否清晰。

修改图像的分辨率可以改变图像的精细程度，相同尺度的图像，分辨率越高，单位长度上的像素点就越多，在Photoshop软件中提高其分辨率，只能提高每单位图像中的像素数目，却不能提高像素的品质。

图像分辨率直接影响图像的最终效果。图像在打印输出之前，都是在计算机屏幕上操作的，对于打印输出则应该根据其用途不同而有不同的设置。

2.2.5 像素与分辨率的关系

像素与分辨率是两个密不可分的重要概念，它们的组合方式决定了图像的数据量。在打印时，高分辨率比低分辨率的图像包含更多的像素。因此，像素点更小，像素的密度更高，所以可以重现更多细节和更细微的颜色过渡效果。

2.2.6 什么是图层

图层是Photoshop软件中很重要的一个内容，是学习Photoshop CC必须掌握的基本概念之一。图层对于中高级的图形图像设计师来说，是得心应手且功能强大的工具，但是对于初学者来说，却是难以理解、逾越的一道鸿沟。

那么究竟什么是图层呢？它又有什么意义和作用呢？

一般来说，图层就是一张透明的胶片，而每一层中都包含着各种各样的图像。当这些透明的胶片重叠时，胶片中的图像将会一起显示出来（也有可能被挡住）。可以单独修改每一个图层中的图像，而不影响其他图层中的图像，这也是它最基本的工作原理，如图2-48所示。

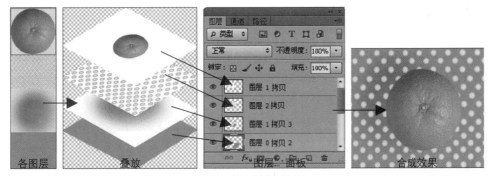

各图层　　　叠放　　　图层·面板　　　合成效果

图2-48 图层概念示意图

由图2-48可以看出，最右边的图像是由4个不同图像的图层叠放在一起组成的效果。这样分层的视觉效果和不分层的视觉效果是一样的，但分层绘制的作品具有很强的可修改性。如果感觉哪个部分位置或效果不是很好。可以单独移动或者重新制作图像所在的图层，而其余图层上的图像不受影响，因为它们是被画在不同层的图层上的。

毫无疑问，这种分层作图的工作方式将极大地提高后期修改的便利度，也最大可能地避免了重复劳动。因此，将图层分开制作是明智的。

当然，Photoshop的图层概念不仅如此，而且可以对图层进行各种不同的编辑操作，使图层之间得到一些不同的特殊效果，通过这些设置，带给图层不同的效果。

2.2.7 什么是蒙版

蒙版是一个很好的工具，在效果图后期处理过程中，经常用来制作渐变效果。其实，不管是何种图像创作，如果善于灵活运用蒙版，都可以创作出多种体现设计师自身设计水平的实用性和艺术性作品。

1. 蒙版的概念

蒙版就是将图像中不需要编辑的部分蒙起来加以保护，只对未蒙住的图像部分进行编辑。

Photoshop给用户提供了一些选择工具，它们只能选择边缘比较明显的图像，但在图像编辑过程中，仅靠这些工具是满足不了需要的。为此，Photoshop软件提供了蒙版工具。蒙版是一种直观、艺术的建立选区的方法，如果处理得当，可以创建一些特别精确且又富有创意的艺术选区效果，是其他任何一种选择方法所无法比拟的。

2. 蒙版的作用

在Photoshop中，蒙版的作用就是用来遮盖图像的。这一点从蒙版的概念中也能体现出来。与Alpha通道相同的是，蒙版也是使用黑、白、灰来标记。系统默认状态下，黑色区域用来遮盖图像，

白色区域用来显示图像，而灰色区域则表现出图像若隐若现的效果，如图2-49所示。如果将蒙版与Photoshop的图像处理联系起来，可以将蒙版的作用归纳为：选取图像、编辑图像渐隐效果、与滤镜命

原图层效果　　　　　　　　　　为该图层创建的蒙版　　　　　　应用图层蒙版后的效果

图2-49 图层蒙版工作原理

令结合编辑特殊图像效果。

2.2.8 什么是通道

通道是Photoshop软件中的一个重要工具，灵活运用通道可以制作出很多特殊的艺术效果。通道是什么，通道能做什么，通道有哪些分类，正是本节要解决的问题。

1. 通道的概念

通道是什么？这是许多初学者都会困惑的问题。其实，Photoshop的通道是独立的原色平面。除了颜色通道外，还有一个特殊的通道——Alpha通道。在进行图像编辑时，单独创建的新通道称为Alpha通道，在Alpha通道中，并不是存储图像的色彩，而是存储和修改选定的区域。使用Alpha通道，可以做出许多特殊的效果。

2. 通道的作用

当在Photoshop中进行某一项操作后，它都会提供某一种方式，使用户可以及时保存自己的操作结果，例如，当用户创建一个选区后，如果不对其进行保存，那么在下一个操作过程中原来的选区会消

失，但是使用"通道"面板就可以轻松地将选区信息保存起来以便日后再次调用。在通道中还记录了图像的大部分（甚至全部）信息，这些信息从始至终与当前操作密切相关。综上所述，通道的作用可以归纳为以下几点。

◎ *存储图像颜色信息*：例如，预览"红"通道时，无论鼠标怎么移动，"信息"面板上都仅有R值，其他值为零。

◎ *保存或创建复杂选区*：使用通道可以创建头发丝般的精确选区。

◎ *表示图像明暗强度*：使用"信息"面板可以体会到这一点，不同通道都可以用256级灰度来表示不同亮度。在"红"通道里的一个纯红色的点，在黑色通道上的显示就是纯黑色，即亮度为0。

◎ *表示图像不同明度*：这是平时最常使用的一个功能，它可以编辑图像的蒙太奇效果，而这一点与蒙版联系密切。

3. 通道的类型

根据作用的不同，通道可以分为3种类型：用于保存色彩信息的颜色信息通道，用于保存选择区域的Alpha通道和用于存储专色信息的专色通道，本章仅介绍前两种类型的通道。

（1）颜色通道信息

保存色彩信息的通道称为颜色信息通道。每一幅图像都有一个或多个颜色通道，图像中默认的颜色通道取决于其颜色模式。例如，CMYK模式的图像文件至少有4个通道，分别代表青、洋红、黄及黑色信息。默认情况下，位图模式、灰度、双色调和索引颜色图像只有1个通道；RGB图像和Lab图像有3个通道；CMYK图像有4个通道。

每个颜色通道都存放着图像中的颜色元素的信息。颜色通道叠加可获得图像像素的颜色。这里的通道与印刷中的印版相似，即单个印版对应每个颜色图层。通道的概念比较难懂。为了便于理解，下面以RGB模式图像为例，以图示的方法简单介绍颜色通道的原理。如图2-50所示，上面三层代表RGB的三色通道，最下面的一层是最终的图像颜色。最下层的图像像素颜色是由RGB这3个通道和与之对应位置的颜色混合而成的，图中4的像素颜色是由1、2、3处通道的颜色混合而成，类似于使用调色板时，几种颜色调配在一起就可以产生新的颜色。

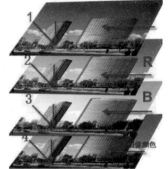

图2-50 通道图解

在"通道"面板中，通道都显示为灰色，它通过不同的灰度来表示0~256级亮度的颜色，因为通道的效果较难控制，通常不用直接修改颜色通道的方法来改变图像颜色。除了默认的颜色通道，还可以在通道中建立专色通道，例如在图像中添加黄色、红色等通道。在图像中添加专色通道后，必须将图像转换为多通道模式。

（2）Alpha通道

除了颜色通道外，还可以在图像中创建Alpha通道，以便保存和编辑蒙版及选择区。可以在通道面板中建立Alpha通道，并根据需要进行编辑。也可以在图像中建立选区后，执行"选择"|"储存选区"命令，将现有的选区保存为新的Alpha通道。

Alpha通道也使用灰色表示，其中白色部位对应完全选择的图像，黑色部位对应未选择的区域，灰色部位表示相应的过渡选择。

（3）"通道"面板

在"通道"面板中可以创建和管理通道，并监视编辑效果。"通道"面板上列出了当前图像中的所有通道，各类通道在"通道"面板中的顺序为：最上方是复合通道（在RGB、CMYK和Lab图像中，复合通道为各个颜色通道的叠加效果），然后是单个颜色通道、专色通道，最后是Alpha通道，如图2-51所示。

"通道"面板中包括许多功能按钮和通道，下面分别进行介绍。

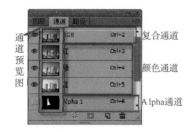

图2-51 "通道"面板

功能按钮介绍如下。

◎ 单击 ⊡ 按钮，从当前通道中载入选区。

◎ 在图像中建立选区后，单击 ⊡ 按钮，可在"通道"面板中建立一个新的Alpha通道来保存当前选区。

◎ 单击 ⊡ 按钮，可创建一个新的Alpha通道。

◎ 单击 ⊡ 按钮，可以删除当前通道。

显示通道介绍如下。

◎ 在"通道"面板中单击复合通道，同时选择复合通道及颜色通道，此时在图像窗口中显示图像的效果，可以对图像进行编辑。

◎ 单击除复合通道外的任意通道，在图像窗口中将显示相应的通道效果，此时可以对选择的通道进行编辑。

◎ 按住Shift键，可以同时选择几个通道，图像窗口中显示被选择通道的叠加效果。

◎ 单击通道左侧的 ⊙ 按钮，可以隐藏其对应的通道效果，再次单击可以将通道效果显示出来。

使用通道不仅可以有效地抠取图像，还可以与滤镜结合，创作出更多意想不到的特殊图像。

2.2.9 什么是路径

路径实际上是一些矢量式的线条，因此，无论图像缩小或放大，都不会影响它的分辨率或平滑度。编辑好的路径还可以保持在图像中，也可以转换为选择区域。在Photoshop中，可以通过钢笔工具、自由钢笔工具、添加（删除）锚点工具、转换点工具、路径选择工具和直接选择工具进行编辑。

01 运行Photoshop CC，执行"文件"|"打开"命令，打开"别墅.jpg"文件，如图2-52所示。

02 再次打开汽车.jpg素材，选择钢笔工具 ✐，在工具选项栏中选择"路径"选项，将光标移至画面中，单击可创建一个锚点，放开鼠标按键，将光标移至下一处位置后单击，创建第二个锚点，两个锚点会连接成一条由角点定义的直线路径，如图2-53所示。

图2-52 打开文档

图2-53 建立锚点

03 在其他区域单击可继续绘制路径，直至将光标移至路径的起点处，建立闭合路径，如图2-54所示。

04 在图像上单击鼠标右键，在弹出的快捷菜单中选择"建立选区"选项或按Ctrl+Enter快捷键，将所绘路径转换为选区，如图2-55所示。

图2-54 创建闭合路径

图2-55 转换为选区

05 单击图层面板底部的"添加图层蒙版"按钮 ⊡，为对象添加图层蒙版，如图2-56所示。

06 选择"移动工具" ⊹，将汽车拖至别墅文档中，按Ctrl+T快捷键，进入自由变换状态，调整其大小和位置，并通过相同的方法，为汽车添加投影效果，如图2-57所示。

图2-56 添加图层蒙版

图2-57 最新效果

2.3 调整像素的大小

调整图像大小是Photoshop CC版本中新增的功能，无论调整的是图像大小还是画布大小，都与像素密不可分。使用"图像大小"命令可以调整图像的像素大小、打印尺寸和分辨率，更改图像的像素大小不仅会影响图像在屏幕上的大小，还会影响图像的质量及打印特性，同时也决定其占用的存储空间。

01 运行Photoshop CC，执行"文件"|"打开"命令，打开"别墅.jpg"文件，如图2-58所示。

02 执行"图像"|"图像大小"命令，如图2-59所示。

03 弹出图像大小对话框，如图2-60所示。

图2-58 别墅　　　　　　图2-59 选择"图像大小"命令　　　　　图2-60 图像大小

04 设置分辨率为200像素，在"重新取样"拉列表中，选择"保留细节（扩大）"选项；如图2-61所示。

05 单击"确定"按钮，在文档窗口底部的状态栏中显示文件的大小，如图2-62所示。

> **提示**
>
> 修改完成后，将低分辨率的图像放大，使其拥有优质的印刷效果，这就方便了低质量的图像处理。

图2-61 修改后的"图像大小"对话框　　　图2-62 修改文件大小后的效果

2.4 提高Photoshop的工作效率

在使用Photoshop CC前需要进行一些优化设置，通过优化可以使用户在操作时更加方便和快捷。

2.4.1 优化工作界面

优化工作界面是为了减少Photoshop CC默认工作界面中不需要的部分，如在进行图像轮廓绘制或处理时，往往只需要使用工具箱和"历史记录"面板，这时可以隐藏界面不需要的部分，以获得更大的屏幕显示空间，但如果每次都需要自己动手去设置则比较麻烦，可以一次性地调整好工作界面后执行"窗口"|"工作区"|"存储工作区"命令进行存储，以后使用时只需要切换到自定义的工作界面状态下即可。

2.4.2 文件的快速切换

在制作图像的过程中，往往会有两个或两个以上的文件在工作界面中出现，初学者一般都是用鼠标来切换文件，这样就导致了制作图像的速度下降，耽误时间。使用快捷键Ctrl+Tab可解决文件切换的问题，达到文件的快速切换，有效地节约时间。

2.4.3 其他优化设置

1. 字体与插件优化

由于Photoshop在启动时需要载入字体列表，并生成预览，如果系统所安装的字体较多，启动速度将大大减缓，启动之后也会占用更多的内存。

因此，想要提高Photoshop的运行效率，对于无用或较少使用的字体应及时删除。

与字体一样，安装过多的第三方插件，也会大大降低Photoshop的运行效率。对于不常用的第三方插件，可以将其移动到其他目录中，在需要时再将其移动回来。

2. 暂存盘优化

暂存盘和虚拟内存相似，它们之间的主要区别在于：暂存盘完全受Photoshop的控制，而不是受操作系统的控制。在有些情况下，更大的暂存盘是必须的，当Photoshop用完内存时，它会使用暂存盘作为虚拟内存；当Photoshop处于非工作状态时，它会将内存中所有的内容拷贝到暂存盘上。

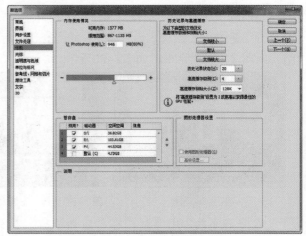

另外，Photoshop必须保留许多图像数据，如还原操作、历史记录和剪贴板数据等。因为Photoshop是使用暂存盘作为额外内存的，所以要正确理解暂存盘对于Photoshop的重要性。

执行"编辑"|"首选项"|"性能"命令，在弹出的对话框中可以设置多个磁盘作为暂存盘，如图2-63所示。

图2-63 Photoshop性能选项设置

> **注意**
>
> 如果暂存盘的可用空间不够，Photoshop就无法打开与处理图像，因此应设置剩余空间较大的磁盘作为暂存盘。

3. 同步设置

从Photoshop CC版本开始，Adobe公司将不再发行任何物质性的产品（当然这里指的是Photoshop）。Adobe公司宣称CC版软件可以将你的所有设置，包括首选项、窗口、笔刷、资料库等，以及正在创作的文件，全部同步至云端。无论你是用PC或Mac，即使更换了新的电脑，安装了新的软件，只需登录自己的Adobe ID，即可立即找回熟悉的工作区。

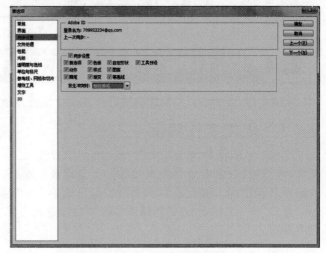

01 启动Photoshop CC后，执行"编辑"|"同步设置"|"立即同步"设置命令，系统将自动进行同步设置。

02 执行"编辑"|"同步设置"|"管理同步设置"命令，弹出"首选项"对话框，如图2-64所示。

图2-64 "首选项"对话框

在弹出的对话框中勾选"同步设置"复选框，在"同步设置"底部提供了各种不同的设置类型，勾选相应选项后，系统将自动同步到云端上，方便在不同的电脑上进行操作。

03 Chapter

Photoshop CC基本操作

Photoshop图像处理功能的强大，是吸引每个学习Photoshop CC学员的魔力之一，基础知识的学习是必经之路，本章将详细讲解文件的基本操作，视图的基本操作，图层的基本操作，图层裁剪操作以及蒙版的使用，为每个学员打下坚实的基础，如果无法透切了解和熟练掌握这些内容，就会给后面的学习带来困难。

3.1 文件的基本操作

新建文件、打开文件、置入文件、保存文件、关闭文件等文件的基本操作都是在文件菜单命令中执行，它们是学习Photoshop必须掌握的知识点，也是最基本的知识点。

3.1.1 新建图像文件

开始制作一幅新图像时，就需要在Photoshop中新建一个文件。新建图像文件可以通过命令和快捷键两种不同的方法来实现。

01 打开Photoshop CC后，选择"文件"菜单，在弹出的下拉菜单中，选择"新建"选项。

02 弹出"新建"对话框，在"名称"文本框中，输入新建图像文件的名称，在"宽度"文本框中，输入图像文件的宽度数值，在"高度"文本框中，输入图像文件的高度数值，在"分辨率"文本框中，输入图像文件的分辨率数值，如图3-1所示。

03 单击"确定"按钮，即可创建一个透明文件，如图3-2所示。

图3-1 "新建"对话框　　　　　　图3-2 新建文件

3.1.2 打开图像文件

如果要对已有的图像文件进行编辑，首先需要在Photoshop中将其打开，在Photoshop CC中打开文件的方法有很多种，可以执行打开命令，也可以使用快捷键方式打开。

01 执行"文件"|"打开"命令。

02 弹出"打开"对话框，在"查找范围"下拉列表框中，选择图像文件存放的位置，在"图像预览"区域中，单击准备打开的图像文件，被选中的文件以蓝色边框显示，单击"打开"按钮，如图3-3所示。

03 文件打开后，选择"移动工具" ，按Ctrl+Alt快捷键，拖动文件至新建的文件中，如图3-4所示。

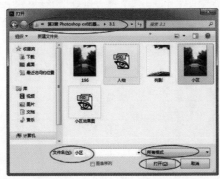

图3-3 "打开"对话框　　　　　　图3-4 移动文件

> **提示**
>
> 按Ctrl+O快捷键，或执行"文件"|"打开为"命令会弹出"打开为"对话框，使用此命令打开文件时，必须在"打开为"选项框为所要打开的文件指定正确的格式，然后单击"打开"按钮将其打开。

3.1.3 置入文件

置入文件是将照片、图片或任何Photoshop支持的文件作为智能对象添加到当前操作的文档中。

01 执行"文件"|"置入"命令，弹出"置入"对话框，选择"树影.png"文件，单击"置入"按钮，如图3-5所示，可将文件置入到画面中。

02 置入进来的文件，以智能对象显示，如图3-6所示。

03 按Enter键，确定置入。

图3-5 "置入"对话框

图3-6 置入文件

3.1.4 保存图像文件

当对图像文件进行了编辑后，就需要对文件进行保存。在计算机出现程序错误或发生断电等情况时，所有的操作都将消失，这时保存文件就变得非常重要了。执行"文件"|"存储"命令，或按Ctrl+S快捷键可保存对当前图像做出的修改。

01 用相同的方法添加人物进来后，图像编辑完毕，执行"文件"|"存储"命令。

02 弹出"另存为"对话框，选择图像文件保存的位置，在"文件名"文本框中，输入文件图像的文件名，如图3-7所示，单击"保存"按钮。

03 也可以执行"存储为"命令来完成这一操作。

图3-7 保存文件

3.1.5 关闭图像文件

当编辑完图像后，首先需要将文件进行保存，然后关闭文件。

01 文件保存后，执行"文件"|"关闭"命令。就可以关闭当前的图像文件，如图3-8所示。

02 如需关闭所打开的全部文件，可执行"文件"|"全部关闭"命令，即可关闭全部文件，如图3-9所示。

图3-8 关闭当前文件

图3-9 关闭全部文件

3.2 视图的基本操作

在Photoshop CC中，系统提供了切换屏幕模式的命令，以及缩放工具、抓手工具、"导航器"面板等工具，方便我们更好地观察和处理图像，进行视图的基本操作。视图的基本操作主要有更改屏幕模式、调整窗口比例、移动画面、旋转视图、使用导航器面板查看图像等。

3.2.1 更改屏幕模式

在Photoshop CC菜单栏中执行"视图"|"屏幕模式"命令，会弹出一组用于切换屏幕模式的命令，包括"标准屏幕模式"、"带有菜单栏的全屏模式"和"全屏模式"命令。

01 打开Photoshop CC软件后，系统默认的屏幕显示模式为标准屏幕模式，如图3-10所示。

02 单击工具箱底部的"屏幕模式"按钮 ，可以显示一组用于切换屏幕模式的按钮。选择"带有

菜单栏的全屏
模式" 按钮
时，将显示带有
菜单栏和50％
灰色背景、无标
题栏和滚动条的
全屏窗口，如图
3-11所示。

图3-10 标准屏幕模式

图3-11 带有菜单栏的全屏模式

03 选择"全屏模式"按钮 时，在弹出的"信息"对话框中，单击"全屏"按钮，如图3-12所示，效果如图3-13所示。

04 同样可以通过F键在这三种屏幕模式中进行切换。按
Shift+Tab快捷
键或按Tab键可
显示/隐藏除图
像窗口之外的所
有组件。

图3-12 "信息"对话框

图3-13 全屏模式

3.2.2 使用缩放工具调整窗口比例

放大或缩小画布的功能主要用于制作精细的图像。缩放工具可以自由地调节画面的显示部分。选择缩放工具时，选项栏会切换到缩放工具的选项栏。选择"缩放工具" ，在画面中单击或拖动，可以实现缩放图像，下面简单介绍"缩放工具" 的使用方法。

01 打开"缩放工具.jpg"
素材文件，如图3-14所
示。选择"缩放工具" ，
移动光标至图像窗口（光
标变为 状态），单击
鼠标可放大窗口的显示比
例，如图3-15所示。

02 按住Alt键（光标变
为 状态），单击鼠标可
缩小窗口的显示比例，如
图3-16所示。

图3-14 打开文件

图3-15 放大图像

03 在需要放大的区域
拖动光标，拉出一个虚线
框，如图3-17所示。

04 松开鼠标后，虚线
框内的图像区域即可被放
大至整个图像窗口，如图
3-18所示。

图3-16 缩小图像

图3-17 绘制虚线框

05 通过选择工具选项栏中的一系列选项同样可以调整窗口的比例，如图3-19所示。

图3-18 放大指定区域

图3-19 工具选项栏

3.2.3 使用抓手工具移动画面

当图像尺寸过大，或者由于放大窗口的显示比例过大而不能显示全部图像时，可以使用"抓手工具"![icon]移动图像，查看图像的不同区域。

01 打开"抓手工具.jpg"素材文件，将其放大到200%，如图3-20所示。

02 选择"抓手工具"![icon]，将光标放在窗口中，按住Alt键单击可以缩小窗口，如图3-21所示。按住Ctrl键单击可以放大窗口，如图3-22所示。

03 放大窗口后，放开快捷键，单击并拖动鼠标即可移动画面，如图3-23所示。

图3-20 放大200%图像

图3-21 缩小图像

图3-22 放大图像

图3-23 移动画面

> **提 示**
>
> 按住Alt键（或Ctrl键）和鼠标不放，则能够以较慢的方式平滑地逐渐缩放窗口。此外，按住Alt（或Ctrl键）及鼠标左键，向左（向右）拖动鼠标，能够以较快的方式平滑地缩放窗口。

3.2.4 使用导航器面板查看图像

"导航器"面板中包含图像的缩览图和各种窗口缩放工具，通过单击或拖动相关的缩放按钮，可以迅速地缩放图像，或者在图像预览区域移动图像的显示内容。

01 打开"使用导航面板查看图像.jpg"素材文件，执行"窗口"|"导航器"命令，显示"导航器"面板，如图3-24所示。

02 在缩放文本框中输入300%，或通过向右推动缩放滑块放大对象，如图3-25所示。

03 将光标移动到代理预览区域，光标会变化为手抓状态，单击并拖动鼠标可以移动画面，如图3-26所示。

04 缩放文本框中显示了窗口的显示比例，可以单击放大按钮 ，放大图像，单击缩小按钮 ，缩小显示图像，如图3-27所示。

图3-24 导航器面板

图3-25 数值缩放窗口

图3-26 移动画面

图3-27 用按钮缩放图像

3.3 图层的基本操作

对于一个分层的图像，可以通过设置图层的相关选项来更改图层的操作。

3.3.1 创建图层

在Photoshop CC中，创建新图层可以通过多种方法来实现，包括在"图层"面板中创建，在编辑图像的过程中创建和使用命令创建等。

01 打开"彩色户型图素材"文件，如图3-28所示。

02 单击图层面板中的"创建新图层"按钮 ，即可在当前图层上新建一个图层，新建的图层会自动成为当前图层，如图3-29所示。

图3-28 打开文件

图3-29 新建图层

03 按Ctrl+Shift+]快捷键，将图层移至最底层，设置前景色为白色，按Alt+Delete快捷键，填充前景色，如图3-30所示。

04 如果想要创建图层并设置图层的属性，执行"图层"|"新建"|"图层"命令，或按Alt键单击"创建新图层"按钮 ，弹出

图3-30 填充图层

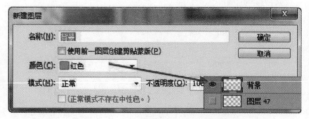

图3-31 用"新建"命令创建图层

"新建图层"对话框，在对话框中可以设置相应的属性，如图3-31所示。

3.3.2　选择图层

编辑图层的最基本条件就是图层必须处于选择状态。在Photoshop中，可以选择单个图层，也可以选择多个连续的图层或选择多个非连续的图层。

01 单击图层面板中的一个图层即可选择该图层，如需要选中客厅的地板，打开"组3"，单击"客厅拷贝"图层，选中的图层呈蓝色的底纹状态，如图3-32所示。

02 要选择多个相邻的图层，首先单击第一个图层，然后按住Shift键再单击最后一个图层，即可选中多个相邻的图层，如图3-33所示。

03 按Ctrl+E快捷键，合并多个相邻图层为一个图层。

04 选择多个不相邻的图层时，可按住Ctrl键单击这些图层，如图3-34所示，按Ctrl+E快捷键，合并多个不相邻图层为一个图层。

图3-32 选中单一图层

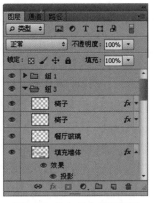
图3-33 选中多个相邻图层

图3-34 选中多个不相邻图层

3.3.3　拷贝图层

拷贝图层也可通过命令或快捷键两种方法来实现，接下来将以实例进行讲解。

01 在盆栽上单击鼠标右键，在弹出的快捷菜单选择本图层，如图3-35所示。

02 在图层面板上，拖动盆栽图层至"创建新图层"按钮上，即可拷贝图层，如图3-36和图3-37所示。

03 选择"移动工具"，将拷贝的盆栽移动至合适的位置上，如图3-38所示。

04 通过相同的方法，再次拷贝两份盆栽图层至不同的位置上，并调整好大小，如图3-39所示。

图3-35 选择图层

图3-36 拷贝图层

图3-37 拷贝图层

图3-38 移动拷贝图层的位置

图3-39 拷贝多个图层

> **提示**
>
> 除上述介绍到的拷贝方法外，按Ctrl+J快捷键可拷贝当前图层，通过执行"图层" | "复制图层"命令，也可拷贝图层。

3.3.4 改图层的名称和颜色

当图层数量较多时，可以为一些重要的图层输入容易识别的名称。

01 选中"床"所在的图层，执行"图层"|"重命名图层"命令或直接双击图层的名称，如图3-40所示。

02 在显示的文本框中输入新名称，如图3-41所示。

03 在图层眼睛处单击鼠标右键，在弹出的快捷菜单中选择"红色"选项，可以改变图层的颜色，如图3-42所示。

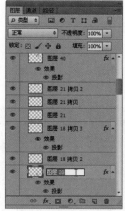

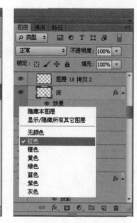

图3-40 重命名图层　　图3-41 重命名图层　　图3-42 改变图层颜色

3.3.5 显示与隐藏图层

显示与隐藏图层的操作方法是非常简单，图层缩略图前面的眼睛图标 是用来控制图层的可见性，有该图标的图层为可见的图层，无该图标的是隐藏的图层。

01 选择"组1"，如图3-43所示。

02 将光标放在一个图层的眼睛图标 上，单击眼睛图标，即可隐藏图层内容，如图3-44所示，再次单击眼睛图标即可显示图层内容。

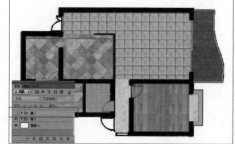

图3-43 选择组1　　　　　　　　图3-44 隐藏组1

> **提示**
> 将光标放在眼睛图标上单击并拖动鼠标，可以快速隐藏（或显示）多个相邻的图层。

3.3.6 查找图层

当图层数量较多时，如果想要快速查找某个图层，可以执行"选择"|"查找图层"命令。

01 如需选择上述重命名的床图层，执行"选择"|"查找图层"命令，如图3-45所示。

02 在图层面板顶部的名称旁出现一个文本框，如图3-46所示，在其中输入"床"，面板中便会只显示该图层，如图3-47所示。

图3-45 执行"查找图层"命令　　图3-46 显示文本框　　图3-47 输入查找名称

> **提示**
> 除了可查找图层中的名称外，还可以查找图层的效果、模式、属性和颜色，在类型下拉列表中选择有需要的类型即可。

3.3.7 删除图层

删除图层的方法非常简单，也是有许多种的，下面通过具体的操作进行讲解。

01 选中"背景"图层，按鼠标左键拖动图层至图层面板底部的"删除图层"按钮 🗑 上，如图3-48所示。即可删除图层，如图3-49所示。

02 选中图层后，按Delete键，也可快速删除图层，或执行"图层"|"删除"下拉菜单中的命令，也可以删除当前图层。

图3-48 拖动图层　　　　图3-49 删除图层

3.3.8 锁定图层

当设置好图层后，为了防止图层遭到破坏，可以将图层的某些功能锁定。

01 在"图层"面板上选取图层，单击"锁定透明像素"按钮 🔲，则图层上原本透明的部分将锁住，不允许编辑，受到保护。

02 选取图像，单击"锁定图像像素"按钮 🖌，则图层的图像编辑被锁住，不管是透明区域还是图像区域都不允许填色或者进行色彩编辑，这个功能对背景层是无效的。

03 选取图层，单击"锁定位置"按钮 ✛，则图层的位置编辑将被锁住，图层上的图形将不允许进行移动编辑。如果使用移动工具，将会弹出警告对话框，提示该命令不可用，如图3-50所示。

04 选取图层，单击"锁定全部"按钮 🔒，则图层的所有编辑将被锁定，图层上的图形不允许进行任何操作，如图3-51所示。

图3-50 锁定图层　　　　图3-51 锁定全部图层

3.3.9 链接图层

如果要同时处理多个图层中的图像（如移动、应用变换或创建剪贴蒙版），可将这些图层链接在一起再进行操作。

01 打开一个分层文件，在"图层"面板中选择两个或多个图层，如选择客厅沙发、人物、植物图层，如图3-52所示。

02 单击图层面板底部的"链接图层"按钮 🔗，或执行"图层"|"链接图层"命令，即可将它们链接在一块，如图3-53所示。

图3-52 选择多个图层　　　　图3-53 链接图层

03 这时可以对它们进行整体移动、缩放和旋转等操作。不需要链接时，只要按住Ctrl键在要解除链接的图层上单击鼠标左键即可解除链接。

3.3.10 图层排列顺序

图层是按照创建的
先后顺序堆叠排列的，
可以重新调整图层的堆
叠顺序。

选中"填充墙体"
图层，如图3-54所
示，将图层拖动到"客
厅"图层的下面，即可

图3-54 选中图层

图3-55 调整图层顺序

调整图层的堆叠顺序，如图3-55所示。改变图层顺序会影响图像的显示效果。

3.3.11 将背景图层转换为普通图层

背景图层是一个比较特殊的图层，它永远在图层的最底层，不能调整堆叠顺序，并且不能设置不透明度、混合模式，也不能添加效果，如想对背景图层进行效果制作，需要将背景图层转换为普通图层。

01 打开一张建筑效果图，此时可以看到图层是以背景图层显示的，如图3-56所示。

02 双击背景图层，弹出"新建图层"对话框，保持默认值，单击"确定"按钮，如图3-57所示。

03 此时已经将背景图层转换为普通图层，如图3-58所示。

04 或按住Alt键的同时单击背景图层，可快速地将背景图层转换为普通图层。

图3-57 "新建图层"对话框

图3-56 打开素材文件

图3-58 转换为普通图层

3.3.12 图层的合并与盖印

在实际工作中，有时一张效果图会由上百个图层组成，这时合理地管理图层就非常重要了。将一些同类的图层或是一些影响不大的图层合并在一起，可以减少磁盘的使用空间。一般图层的合并有3种形式：

01 向下合并。选择要合并的图层，右击鼠标后或按Ctrl+E快捷键，所选择的图层就会与其下面的图层进行合并，而不会影响其他图层，如图3-59所示。

02 合并可见图层。选择要合并的图层，右击鼠标后选择"合并可见图层"选项，在图层面板上能够看到的图层就会被合并，所有有眼睛图标的图层会被合并为一个图层。如果某一层不希望被合并，可以将其前面的眼睛图标隐藏，这时该图层将不受合并可见图层命令的影响，如图3-60所示。

03 拼合图像。在Photoshop CC中选择"拼合图像"选项后，所有的图层将会合并为一个背景图层，如图3-61所示。

图3-59 向下合并图层

图3-60 合并可见图层

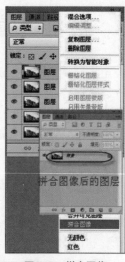

图3-61 拼合图像

3.4 图像裁剪操作

在Photoshop CC中，对图像进行裁剪的工具有"裁剪工具" 🔲 、"透视裁剪工具" 🔲 和"切片工具" 🔲 。其中，"切片工具" 🔲 一般在制作网页时用得较多，这里着重介绍前两种裁剪工具的使用方法。

3.4.1 裁剪工具

"裁剪工具" 🔲 在建筑后期处理中经常结合构图使用，它的作用是裁剪掉画面的多余部分，以达到更美观的画面效果。

01 打开"裁切素材.jpg"文件，一般而言，不能对效果图直接进行裁剪，而是先用填充黑色的矩形框将画面的多余部分遮住，如图3-62所示。

02 选择"裁剪工具" 🔲 ，调整好最合适的位置，对构图进行调整，如图3-63所示。

03 裁剪范围确定后，在裁剪定界框中单击鼠标或按Enter键确定裁剪，如图3-64所示。

图3-62 遮住画面多余的部分

3.4.2 透视裁剪工具

"透视裁剪工具" 🔲 一般在效果图中需要将部分素材单独选取出来时用得比较多。

图3-63 调整构图

图3-64 用裁剪工具裁剪后的图像

01 打开"透视裁切.jpg"文件，选择"透视裁剪工具" 🔲 ，绘制定界框，并调整定界框上的控制点，使其进行透视调整，如图3-65所示。

02 素材透视变化调整完毕后，在裁剪定界框中单击鼠标或按Enter键，确定透视裁剪，如图3-66所示。

图3-65 选择裁剪区域

图3-66 裁剪结果

3.5 蒙版的使用

在Photoshop CC中，蒙版有图层蒙版、剪贴蒙版和矢量蒙版3种不同的类型，在后期处理中也常用到快速蒙版来协助效果图的制作，这里将逐一介绍这几种蒙版的使用方法。

3.5.1 快速蒙版

快速蒙版是一种选区转换工具，它能将选区转换成为一种临时的蒙版图像，利用它可以快速准确地选择图像，当蒙版区域转换为选择区域后，蒙版会自动消失。

01 按Ctrl+O快捷键打开"卫生间.jpg"图像文件，如图3-67所示。

02 快速双击工具箱中的"以快速蒙版模式编辑"按钮 🔲 或按Q键，在弹出的"快速蒙版选项"对话框中，可以在此对话框中设置快速蒙版的选项。单击"确定"按钮，得到编辑后的蒙版效果。

03 在当前的快速蒙版状态下，"通道"面板中也会出现一个临时蒙版，如图3-68所示。

04 选择"渐变工具" 🔲 ，从左上角向右下角

图3-67 "卫生间"文件

图3-68 通道中的蒙版

拖动鼠标，得到如图3-69所示的效果。

05 单击工具箱中的"以快速蒙版模式编辑"按钮  ，可将蒙版中未被蒙住的部分转换为选区，同时通道面版中的"快速蒙版"通道也会消失，如图3-70所示。

图3-69 快速蒙版效果　　　　　图3-70 蒙版选区

3.5.2　图层蒙版

图层蒙版只以灰度显示，其中，白色部分对应的该层图像内容完全显示，黑色部分对应的该层图像内容完全隐藏，中间灰度对应的该层图像的背景层是不可以加入图层蒙版的。

01 打开"图层蒙版练习文件.jpg"文件，如图3-71所示。

02 打开"人物.jpg"素材，单击图层面板底部的"添加图层蒙版"按钮 ，为人物图层添加图层蒙版，按D键默认前背景色为黑白，选择"画笔工具" ，在蒙版上涂抹人物以外的位置，将其隐藏，如图3-72所示。

03 选择"移动工具" ，将人物素材拖到场景中，并按Ctrl+T快捷键，调整其大小。

04 在"图层"面板中，将人物图层拷贝一层，并将拷贝后的图层移动到原图层的下方，填充黑色。

05 选择"渐变工具" ，然后单击工具选项栏中的渐变条 ，弹出"渐变编辑器"对话框，选择"黑，白渐变"类型。

06 把鼠标放置在拷贝图像的底部，按住Shift键的同时由下至上拖曳鼠标，此时拷贝图像出现若隐若现的蒙太奇效果。其实这就是倒影制作方法之一。填充"黑，白渐变"后的图像效果如图3-73所示。

蒙版的一些其他类型的用法如下（在蒙版上单击鼠标右键）：

◎ 停用图层蒙版：可以暂时取消图层蒙版的应用效果。

◎ 应用图层蒙版：可以应用图层蒙版，并将蒙版去掉。

◎ 添加蒙版到选区：如果原图像中存在选区，那么由图层蒙版转换的选区将与原选区相加。

◎ 从选区中减去蒙版：如果原图像中存在选区，那么由图层蒙版转换的选区将原选区中减去。

◎ 蒙版与选区交叉：如果原图像中存在选区，那么由图层蒙版转换的选区将与原选区相交。

◎ 蒙版选区：用来设置图层蒙版的颜色和不透明度。

图3-71 蒙版练习文件　　　　图3-72 人物素材　　　　图3-73 最终效果

3.5.3　剪贴蒙版

剪贴蒙版可以用一个图层中包含像素的区域来限制它上层图像的显示范围，它的最大优点是可以通过一个图层来控制多个图层的可见内容，而图层蒙版和矢量蒙版只能控制一个图层。

3.5.4　矢量蒙版

矢量蒙版是由钢笔、自定形状等矢量工具创建的蒙版，它与分辨率无关，无论字母缩放都能保持光滑的轮廓。因此，平面作品的制作常会用到这个命令，这里只简单介绍一下命令的原理。

配景素材的抠图技法

在建筑效果图后期制作过程中，需要各式各样的配景。尽管现今市面上的配景素材图库很多，但仍远远不能满足设计需求。这就要求设计师们能够掌握就地取材的本领，找到各种所需配景图片后，能够从原始的图片上取出有用的人物或花草树木配景等部分，去掉不需要的部分，从而将自己的设计表现得淋漓尽致。本章通过介绍草地、人物及树木的抠取技法，使读者熟练掌握各种配景素材的抠图技法。

4.1 选择最佳抠图方法

抠取配景素材前，最首要的工作是对素材图片进行分析，从而确定抠图的方法。抠图方法的选取主要从四个方面确定：对象的形状特征、对象的色彩差异、对象的色调差异及对象边缘的复杂程度。

4.1.1 分析对象的形状特征

分析对象的特征，最方便辨别的特征便是对象的形状特征。配景素材的形状大致可分为规则形状、多边形及圆滑曲线。

1. 规则形状配景素材

当需要的配景素材形状比较规则，如矩形或圆形等，可以选择"选框工具"进行抠取。由于Photoshop CC主要是对图层或选区进行操作，因此，选框工具是比较常用的工具。如图4-1所示为调用"矩形选框工具"抠选桌子。如图4-2所示为调用"椭圆选框工具"抠选圆碟。

图4-1 抠选桌子　　　　　　图4-2 抠选圆碟

> **提示**
>
> 当需要绘制正方形或圆形的选区时，在选择"矩形选框工具"或"椭圆选框工具"的同时，按住Shift键即可。

2. 多边形配景素材

不规则形状配景可分为不规则多边形配景素材和复杂边缘配景素材。不规则多边形配景素材可调用"多边形套索工具"进行抠图，如图4-3所示为不规则的建筑边缘；而复杂边缘配景素材的抠图方法将在后面的章节详细讲解，这里就不赘述了。

3. 圆滑曲线配景素材

圆滑曲线配景素材如人的头发、汽车、室内物品等，可选用的抠图工具为"钢笔工具" 。而"钢笔工具"最大的优点是调整方便，如果创建的路径不能满足要求，还可以对路径进行随意调整，直至满足设计要求为止。如图4-4所示为使用"钢笔工具"抠选的雕塑小品。

图4-3 抠选建筑边缘　　　　　图4-4 抠选雕塑小品

4.1.2 分析对象的色彩差异

下面讲解抠图技法选择的依据。在进行抠图时，不仅可以将配景素材的形状做为依据，还可根据其颜色上的差异进行抠图。而色彩差异明显的配景素材中又可分为边缘光滑清晰且分布规律、边缘复杂且分布无规律等情况。

1. 边缘光滑清晰且分布规律

对于色彩差异明显，边缘光滑清晰且分布规律的图形对象，可选择的抠图工具有"魔棒工具" 、"快速选择工具" 和"磁性套索工具" 。

使用"魔棒工具"和"快速选择工具"均可快速选择与落点处的颜色相近的图像区域，实现不规则形状区域的抠图。在魔棒的使用过程中，"容差"的设置很重要，"容差"即容许与魔棒落点处颜色的差别范围，"容差"值设置得越大，使用魔棒选择的颜色范围越大，反之亦然。

"快速选择工具"则是通过控制画笔的大小智能控制选区的大小。但以上两种工具只适用于颜色统

一、边缘光滑清晰的大面积图片。如果图片的颜色纷繁复杂且分布无规律就不适用了。如图4-5所示为利用"魔棒工具"绘制选区的效果。

容差=0　　　　　　　　　　容差=20

图4-5 利用"魔棒工具"抠图

当配景素材的色彩对比明显且边界比较清晰时，可选用"磁性套索工具"进行抠图，如图4-6所示为利用"磁性套索工具"选择桌子。"磁性套索工具"可以根据颜色对比度自动判断选区的轮廓，自动捕捉图像的边界，从而精确定位选择区域。如果边界不清晰(如人的头发边缘有很多发丝)，就很难操作，也很难准确地选取。

图4-6 利用"磁性套索工具"选择桌子

2. 边缘复杂且分布无规律

色彩对比明显，边缘复杂，分布无规律的配景素材，虽然也可以使用"魔棒工具"进行选择，但不够灵活，工程量很大且效率不高。此时，Photoshop CC提供了更加有弹性的"色彩范围"菜单命令。"色彩范围"命令可以选择已有选区或整个图像内指定的颜色或颜色子集，创建相应的选区，使用该命令，不但可以一边调整一边进行效果的预览，而且还可以随心所欲地完善选区的范围。当需要抠选如树木花草类的配景素材时，"色彩范围"命令是绝佳选择。调用"色彩范围"命令对桃树进行抠图，如图4-7所示，抠选结果是比较理想的。

选择时　　　　　　　　　　删除后

图4-7 抠选桃树

4.1.3 复杂对象的抠图

所谓复杂对象是指在形状、颜色及色调等方面均没有很突出的特征的对象。使用上面介绍到的抠图工具都无法完美地将所需的配景素材抠选出来。此时，就必须使用蒙版工具进行抠图。在Photoshop中提供了两种蒙版编辑模式，即"以标准模式编辑"和"以快速蒙版模式编辑"。如图4-8所示是采用为图片添加蒙版的方式抠图。

素材图片　　　　　　　　　　抠选完成的图片

图4-8 使用蒙版抠图

4.2 草地素材的抠取

　　在建筑效果图的后期处理中，大都需要使用草地素材来进行草地的制作，真实的草地素材能使后期效果图更加贴近自然和具有美感。接下来介绍草地素材的抠图方法。

01 执行"文件"|"打开"命令，打开"草地素材.jpg"文件，如图4-9所示。

02 选择"快速选择工具" ，在工具选项栏单击"添加到选区"按钮 ，并调整笔刷大小为15像素。

03 将光标移动至草地区域，拖动鼠标对其进行选择，效果如图4-10所示。

图4-9 素材图片　　　　　　　　　　图4-10 初步选择草地区域

04 单击工具选项栏中的"从选区减去"按钮 ，对多选的非草地区域进行减选，效果如图4-11所示。

05 选择"多边形套索工具" ，并单击工具选项栏中的"从选区减去"按钮 ，对草地中的树枝进行减选，效果如图4-12所示。

图4-11 减选多余的非草地区域　　　　　图4-12 减选树枝

06 执行"文件"|"新建"命令，在弹出的"新建"对话框中，设置大小为9cmX2.5cm，背景色为透明。

07 按Ctrl+C快捷键，复制草地选区。

08 切换界面至新建的空白文件中，按Ctrl+V快捷键，粘贴草地选区至其中，并选择"橡皮擦工具" ，在工具选项栏中适当调整"不透明度"和"流量"参数，擦拭残留的杂边，效果如图4-13所示，至此草地素材抠取完成。

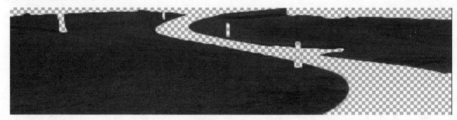

图4-13 草地素材

09 在图4-13所示的草地素材中，还有些许的缺陷，修补缺陷方法将在后面的章节有详细介绍，这里就不赘述了。

4.3 人物素材的抠取

　　人物素材一般是边缘较复杂的一种配景，整体轮廓边缘圆滑，而头发部分则轮廓较模糊。接下来介绍人物素材的抠取方法。

01 执行"文件"|"打开"命令，打开"人物素材.jpg"文件，如图4-14所示。

02 选择"钢笔工具" 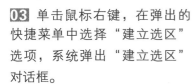，创建人物路径，如图4-15所示。

图4-14 素材图片

图4-15 创建路径

03 单击鼠标右键，在弹出的快捷菜单中选择"建立选区"选项，系统弹出"建立选区"对话框。

04 在如图4-16所示的对话框中设置羽化半径值为0，然后单击"确定"按钮，完成参数的设置，建立选区效果如图4-17所示。

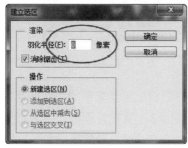
图4-16 "建立选区"对话框

图4-17 建立选区效果

05 执行"文件"|"打开"命令，打开"小区.jpg"文件。

06 切换至"人物素材"工作界面，按Ctrl+C快捷键，复制所创建的人物选区并将其粘贴至小区文件中，按Ctrl+T快捷键，进入自由变换状态，按Shift键同比例缩小人物，如图4-18所示。

07 按Ctrl键单击图层底部的"创建新图层"按钮 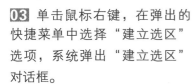，在人物图层下面新建图层，并使用画笔工具为人物添加投影效果，如图4-19所示。

图4-18 调整大小

图4-19 最终效果

4.4 树木素材的抠取

相对于草地和人物素材，树木素材的抠取方法比较综合，因为其不仅没有确定的轮廓，且形状十分复杂。接下来介绍树木素材的抠取方法。

01 执行"文件"|"打开"命令，打开"树木素材.jpg"文件，如图4-20所示。

02 执行"选择"|"色彩范围"命令，弹出如图4-21所示的对话框，使用吸管工具吸取天空的颜色，并适当地滑动"颜色容差"滑块。

图4-20 素材图片

图4-21 "色彩范围"对话框

03 单击"确定"按钮，关闭对话框，创建如图4-22所示的选区。

04 按Delete键，删除选区所在区域的背景，并结合"魔棒工具" 和Delete键进行修整，结果如图4-23所示。

05 将抠出来的树载入选区，并按Ctrl+C快捷键复制。

图4-22 创建选区

图4-23 删除背景

06 按Ctrl+N快捷键，新建空白文件，然后将上一步复制的树粘贴至空白文件中，如图4-24所示。

07 将背景色设置为蓝色，并按Alt+Delete键，填充背景色，结果如图4-25所示。

08 选择"橡皮擦工具" ，擦除多余的白色边缘，最终效果如图4-26所示，至此，树木素材抠取完成。

图4-24 复制图形

图4-25 整理图形

图4-26 最终结果

4.5 汽车素材的抠取

4.5.1 抠取选区

本例主要讲解使用"快速蒙版"工具抠取汽车，方法如下。

01 执行"文件"|"打开"命令，打开"汽车素材.jpg"文件，如图4-27所示。

02 按D键，将工具箱的前景色和背景色设置成系统默认的颜色。

03 双击工具箱中的"以快速蒙版模式编辑"按钮 ，弹出如图4-28所示的"快速蒙版选项"对话框，并设置相应的参数。

图4-27 素材图片

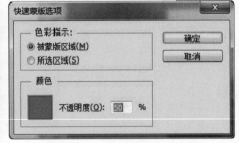

图4-28 "快速蒙版选项"对话框

04 单击"确定"按钮，然后单击"画笔工具" ，编辑快速蒙版，并结合"橡皮擦工具" ，对蒙版边缘进行修整，编辑后的蒙版效果如图4-29所示。

05 在当前的快速蒙版状态下，"通道"面板中也会出现一个临时蒙版，如图4-30所示。

06 再次双击工具箱中的"以快速蒙版模式编辑"按钮 ▣ ，在弹出的"快速蒙版选项"对话框中单击"所选区域"按钮，单击"确定"按钮，快速蒙版显示区域就会发生变化。

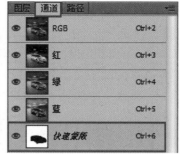

图4-29 编辑蒙版效果　　　　图4-30 临时蒙版

07 按Q键退出快速蒙版状态，按Ctrl+Shift+I快捷键，将选区反选，选择所需的汽车部分，如图4-31所示。

08 将汽车载入选区，并按Ctrl+C快捷键，复制汽车选区。

09 执行"文件"|"新建"命令，新建空白文件，然后将汽车粘贴至空白文件中，效果如图4-32所示。

10 按Alt+Delete键，填充背景色为蓝色，汽车素材制作的最终效果如图4-33所示。

图4-32 粘贴汽车　　　　　图4-33 汽车素材抠取结果　　　　　图4-31 反选汽车

4.5.2　选区的调整

1. 移动选区

移动选区首先必须确保当前工具是选区绘制工具，并在工具属性栏中选中"新选区"按钮 ▣ ，将光标移至选区内，当光标呈 形状时，即可拖动鼠标移动选区。如图4-34所示为移动选区的效果。

图4-34 移动选区

2. 增减选区

01 增加选区：要在原选区的基础上增加选区，可单击工具选项栏中的"添加到选区"按钮 ▣ ，或者按住Shift键，此时鼠标光标右下角出现一个"+"符号，单击鼠标继续创建选区，以增加选区范围。如图4-35所示为增加选区的效果。

02 减少选区：如果要在原选区的基础上减少选区，可单击工具选项栏中的"从选区减少"按钮 ▣ ，或者按住Alt键，此时光标右下角出现"－"符号，然后在图像中单击鼠标要减少的选区范围。如图 4-36所示为选区减少的效果。

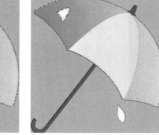

图4-35 增加选区　　　　　　　　图4-36 减少选区

3. 扩展选区与边界选区

01 扩展选区："扩展"命令可使选区边缘向外扩大一定的范围，方法是执行"选择"|"修改"|"扩展"命令。如图4-37所示为扩展选区的效果。

02 边界选区："边界"命令是用设置宽度值来围绕原选区，创建一个环状的区域。可执行"选择"|"修改"|"边界"命令进行调用。如图4-38所示为边界选区的效果。

图4-37 扩展选区　　　　　　　　　　图4-38 边界选区

4. 收缩选区

"收缩"命令是在原有选区的基础上向内收缩，并保持选区的形状不变。可执行"选择"|"修改"|"收缩"命令进行调用。如图4-39所示为利用"收缩"命令制作空心字。

图4-39 制作空心字

5. 平滑选区

"平滑"命令用于消除选区边缘的锯齿，使选区连续而平滑。该命令经常用于消除因使用"魔棒工具"或"色彩范围"命令定义选区时所选的一些不必要的零散区域。如图4-40所示为平滑选区的效果。

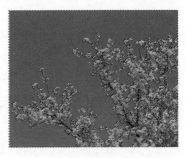

图4-40 平滑选区

6. 扩大选取和选取相似

"扩大选取"和"选取相似"命令都可在原选区的基础上扩大选区，两者都不设对话框。而"扩大选取"命令可选择与原选区相近或相邻的区域，"选取相似"命令则可选取与原选区颜色相近但不相邻的区域。如图4-41所示为扩大选取与选取相似的差别效果。

图4-41 "扩大选取"与"选取相似"对比效果

7. 变换选区

有时候，绘制的选区并不能适应所有的情况，这就需要对选区进行适当的变形。在创建完选区后，执行"选择"|"变换选区"命令，显示自由变形框，在变形框内单击鼠标右键，在弹出的如图4-42所示的快捷菜单中选择相应的变换命令，如缩放、旋转、斜切、扭曲、透视、变形等，可对选区进行相应的操作。

图4-42 变换选区快捷菜单

8. 全选与隐藏选区

在编辑图像时，如果要选取整幅图像，可执行"选择"|"全部"命令，或按Ctrl+A快捷键。

在编辑选区图像时，为了便于查看效果，可通过执行"视图"|"显示"|"选区边缘"命令，或按Ctrl+H快捷键来隐藏或显示选区。

9. 反向、取消与重新选择命令

"反向"命令可以将当前图像中的选区和非选区进行互换。可执行"选择"|"反向"命令，或者按Shift+Ctrl+I快捷键对选区进行反向。

要取消已有的选区，在选区绘制工具处于工作状态下时，在选区外任意位置单击鼠标即可。

如果要将取消过的选区重新选择，可执行"选择"|"重新选择"命令，或者按Shift+Ctrl+D快捷键。

4.5.3 选区的编辑

1. 选区羽化

执行"选择"|"修改"|"羽化"命令，或者按Alt+Ctrl+D快捷键，弹出如图4-43所示的"羽化选区"对话框，输入相应的羽化半径值，单击"确定"按钮，即可完成选区的羽化。如图4-43所示为填充颜色后的羽化效果。

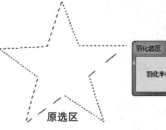

图4-43 羽化效果

2. 描边选区

描边选区是指沿着选区的边缘描绘指定宽度的颜色。执行"编辑"|"描边"命令，系统弹出如图4-44所示的"描边"对话框，在对话框中设置参数，单击"确定"按钮即可为选区描边。

描边前　　　　描边后

图4-44 描边效果

3. 填充选区

■ 定义图案

定义图案是指将选区内的图像设置为样本，以方便用户在使用"填充"命令、"油漆桶"工具、"图案图章"工具和"修复画笔"工具编辑图像时，将其填充、复制到同一图像中的其他位置或另一幅图像中。

■ 用快捷键填充选区

在编辑图像时，使用用快捷键可快速为图像选区填充前景色或背景色。设置好前景色或背景色后，按Alt+Delete快捷键可将选区填充为前景色，按Ctrl+Delete快捷键可将选区填充为背景色。

■ 用"填充"命令填充选区

利用"填充"命令可以在整幅图像或用户指定的选区内填充颜色、图案或快照等内容。创建选区后，执行"编辑"|"填充"命令，在弹出的"填充"对话框中设置相应参数，单击"确定"按钮即可。

4．选区的保存与载入

想要保存制作好的选区，可执行"选择"|"存储选区"命令，打开"存储选区"对话框，在"名称"文本框中输入选区名称，单击"确定"按钮，即可将选区保存下来。"选区载入"和"选区保存"的方法基本相同，这里就不赘述了。

4.6 杂边的去除

用Photoshop抠图时，最常遇到的问题是由于无法完全准确地建立选区，抠图完成后图像会残留下背景中的杂色，统称此类现象为杂边。而去除杂边的方法有"修边"菜单命令和调整边缘命令。

4.6.1 调用"修边"命令去杂边

■ 修边

执行"图层"|"修边"菜单命令，即可调用"修边"命令，对杂边进行去除。修边命令有四个子菜单命令，分别为"颜色净化"命令、"去边"命令、"移去黑色边"命令和"移去白色边"命令。

01 执行"文件"|"打开"菜单命令，打开"去杂边.psd"素材文件，如图4-45所示。

02 单击"图层"面板中的"图层1"，将图层切换至图层1。

03 执行"图层"|"修边"|"去边"菜单命令，弹出如图4-46所示的对话框，设置"宽度"为1像素。

图4-45 素材图像　　图4-46 "去边"对话框　　图4-47 去杂边效果

执行"确定"按钮，去杂边效果如图4-47所示。

■ 调整边缘

执行"选择"|"调整边缘"|"调整边缘"命令。系统弹出如图4-48所示的对话框。通过调整对话框中的半径滑块、平滑滑块及羽化等滑块，去除杂边。下面通过实例具体介绍去杂边的方法。

图4-48 "调整边缘"对话框

4.6.2 调用"调整边缘"命令去杂边

01 执行"文件"|"打开"菜单命令，打开"去杂边.psd"素材文件，如图4-49所示。

02 选择"魔棒工具" ，选择背景层。

03 按Ctrl+Shift+I快捷键，启动"反向"命令，选择雕像，如图4-50所示。

04 执行"选择"|"调整边缘"命令，系统弹出"调整边缘"对话框。

05 在"调整边缘"对话框中单击"调整半径工具" 。

06 根据雕塑小品的边缘需要，设置不同的大小，在小品边缘拖动鼠标，调整边缘。

图4-49 载入选区　　　　图4-50 选择雕像

07 在"调整边缘"对话框中的选择"选择视图模式"，切换不同的视图查看抠图效果，如果效果不满意，可根据前面相同的方法调整边缘。

08 单击"确定"按钮，确定选区。

09 按Ctrl+J快捷键，以选区为基础复制一个新图层，如图4-51所示。

10 按Ctrl+Shift+N快捷键，新建图层，填充背景色为蓝色，并将其移动至图层1的下面，如图4-52所示。

11 单击背景层左侧的眼睛图标，将背景层隐藏，如图4-53所示。

12 去杂边的最终效果如图4-54所示。

图4-51 复制图层　　　　图4-52 新建图层　　　　图4-53 隐藏图层　　　　图4-54 最终效果

05 Chapter

建筑效果图的颜色调整

在室内外效果图的后期处理过程中，色彩调整命令的应用也不容忽视，因为从配景素材的调整、图纸的色调控制以及三维软件中渲染输出的渲染图都需要使用色彩调整命令进行调整。

色彩的调整主要是调整图像的明暗程度，如图像偏暗，可以将其调整得亮一些；如图像偏亮，可以将其调暗。另外，因为没一幅效果图场景所要求的时间、环境氛围是各不相同的，而又不可能有那么多正好适合该场景氛围的配景素材。这时就必须运用Photoshop中的图像色彩调整命令对图片进行调整。

5.1 纯色调色

纯色填充图层可以用一种颜色填充图层，创建"纯色"调整图层，在弹出的"拾色器"对话框中，设置颜色。

01 执行"文件"|"打开"命令，打开"别墅.jpg"文件，如图5-1所示。

02 单击图层面板底部的"创建新的填充或调整图层"按钮 ，在弹出的快捷菜单中选择"纯色"选项，弹出"拾色器"对话框，设置色值，如图5-2所示。

图5-1 打开文件

图5-2 "拾色器"对话框

03 单击"确定"按钮，设置图层的混合模式为"正片叠底"，不透明度为60%，如图5-3所示。

04 设置完毕后，制作出别墅的黄昏美景效果，如图5-4所示。

图5-3 设置混合模式和不透明度

图5-4 最终效果

5.2 亮度/对比度调色

"亮度/对比度"命令主要用来调整图像的亮度和对比度，它不能对单一通道作调整，也不能像"色阶"命令一样对图像的细部进行调整，只能很简单、直观地对图像做较粗略的调整，特别对亮度和对比度差异相对悬殊太大的图像，使用起来比较方便。

执行"图像"|"调整"|"亮度/对比度"命令，在弹出的"亮度/对比度"对话框中，设置参数，调整图像的亮度或对比度，如图5-5所示。

图5-5 "亮度/对比度"对话框

01 执行"文件"|"打开"命令，打开"夜景练习图像.jpg"文件，如图5-6所示。

02 执行"图像"|"调整"|"亮度/对比度"命令，在弹出的"亮度/对比度"对话框中调整图像的明暗度，用鼠标将亮度色调滑块向左侧移动，减少图像的明度，效果如图5-7所示。

图5-6 夜景练习

图5-7 减少图像的亮度

03 用鼠标将对比度色调滑块向左侧移动，减少图像的对比度，效果如图5-8所示。

04 用鼠标将对比度色调滑块向右侧移动，增加图像的对比度，效果如图5-9所示。

05 设亮度为0，对比度为100，单击"确定"按钮，最终效果如图5-10所示。

图5-8 降低图像的对比度　　　　图5-9 增加对比度的效果　　　　图5-10 最终效果

提 示

当图像过亮或过暗时，可以直接使用"亮度"来调整，图像会整体变亮或者变暗，而在色阶上没有明显的变化。

5.3 曲线调色

　　"曲线"命令同样可以调整图像的整个色彩范围，是一个常用的色调调整命令，其功能与"色阶"命令相似，但最大的区别是"曲线"命令调节更为精确、细致。

　　执行"图像"|"调整"|"曲线"命令，在弹出的"曲线"对话框中，设置其参数，调整图像的色彩，如图5-11所示。

◎ 通道：选择需要调整的通道，如果某一通道的色调明显偏重，就可以选择单一通道进行调整，而不会影响其他颜色通道的色调分布。

◎ 曲线区：横坐标代表水平色调带，表示原始图像中像素的亮度分布，即输入色阶，调整前的曲线是一条45度直线，意味着所有像素的输入亮度与输出亮度相同，用曲线调整图像色阶的过程，也就是通过调整曲线的形状来改变像素的输入/输出亮度，从而改变整个图像的色阶。

　　通常，通过调整曲线的形状来调整图像的亮度、对比度、色彩等，调整曲线时，首先在曲线上单击，然后拖曳即可改变曲线的状态。当曲线向左上角弯曲时，图像变亮，当曲线向右下角弯曲时，图像色调变暗。

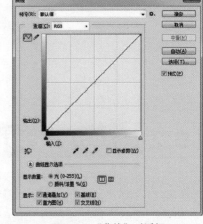

图5-11 "曲线"对话框

01 执行"文件"|"打开"命令，打开"曲线调试.jpg"文件，如图5-12所示。

02 按Ctrl+M快捷键，执行"曲线"命令，在弹出的"曲线"对话框中，通过调整曲线上的节点来调整图像，当曲线向左上角弯曲时，整体提亮画面，效果如图5-13所示。

03 通过调整曲线上的节点来调整图像，当曲线向右下角弯曲时，整体降低画面明度，效果如图5-14所示。

04 通过调整曲线上的节点来调

图5-12 曲线调试图像　　　　图5-13 曲线向左上角弯曲时图像变亮

整图像，当曲线有多个节点弯曲时，效果如图5-15所示。

05 在使用"曲线"对话框中的"铅笔工具"可以做出更多变化，使用"铅笔工具"在坐标区域内画出一个形状，代表曲线调节后的形状，效果如图5-16所示。

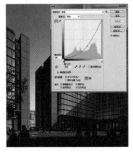 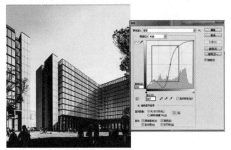 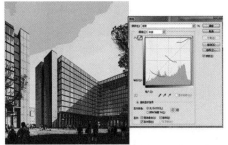

图5-14 曲线向右下角弯曲时图像变暗　图5-15 多个节点的效果　　　　图5-16 使用"铅笔工具"绘制曲线的效果

06 单击 平滑(M) 按钮，曲线会自动变得平滑，可以多次重复单击该按钮，直至达到满意效果为止，效果如图5-17所示。

07 单击"编辑点以修改曲线"按钮 〜，可以对曲线再次进行编辑，效果如图5-18所示。

下面针对图像质量方面常见的一些问题介绍几种调整曲线的方法。

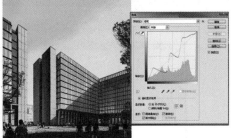 

图5-17 使用"平滑工具"平滑曲线　　　　图5-18 使用"节点工具"编辑曲线

■ 调整缺乏对比度的图像

通常一些扫描的图片对比度较低。这类图像的色调过于集中在中间色调范围内，缺少明暗对比。这时，就可以在"曲线"中锁定中间色调，将阴影区的曲线稍稍下调，将亮度曲线稍稍上扬，这样可以使阴影区域更暗，高光区域更亮，明暗对比更明显一些，如图5-19所示。

图5 19 调整图像的对比度

■ 调整颜色过暗的图像

色调过暗往往会导致图像细节丢失，这时可在"曲线"中将阴影区曲线上扬，将阴暗区减少，同时中间色调区曲线和高光区曲线也会稍稍上扬，结果是图像的各色调区被按一定比例加亮，比起直接将图像整体加亮显得更有层次感，效果如图5-20所示。

 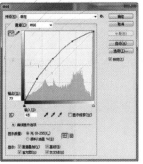

图5-20 将过暗的图像调亮

■ 调整颜色过亮的图像

色调过亮往往也会导致图像细节丢失，这时可在"曲线"中将阴影区曲线下调，将高亮区减少，同时中间色调区曲线和阴影区曲线也会稍稍下调，结果是图像的各色调区被按一定比例变暗，比起直接将图像整体调暗显得更有层次感，效果如图5-21所示。

图5-21 将过亮的图像调暗

5.4 色阶调色

色阶调色是用调整阴影、中间调和高亮度色调来改变图像的明暗反差效果，调整图像的色彩范围和色彩平衡。在进行色彩调整时，"色阶"命令可以对整个图像或者图像的某一个区域、某一图层以及单个色彩通道进行调整。

执行"图像"|"调整"|"色阶"命令，在弹出的"色阶"对话框中，可以设置参数，调整图像的明暗度，如图5-22所示。

01 执行"文件"|"打开"命令，打开"室内图像.tga"文件，如图5-23所示。

图5-22 "色阶"对话框

图5-23 室内图像

02 按Ctrl+L快捷键，执行"色阶"命令，在弹出的"色阶"对话框中，使用鼠标将中间色调滑块向右侧移动，使其减少至0.7，效果如图5-24所示。

03 用鼠标将中间色调滑块向左侧移动，使其增加至1.80，效果如图5-25所示。

图5-24 减少色阶后的图像效果

图5-25 增加色阶后的图像效果

通过上面的实例操作可以看出，"色阶"命令其实就是通过图像的高光色调、中间色调和阴影色调所占比例来调整图像的整体效果。读者可以试着使用同样的方法调整图像的高光色调和阴影色调值。

5.5 自然饱和度调色

使用"自然饱和度"命令可以调整出图像自然的颜色饱和度，并且可以在增加图像饱和度的同时有效地控制颜色过于饱和而出现的溢色现象。

01 执行"文件"|"打开"命令，打开"海边傍晚.jpg"文件，如图5-26所示。

02 在"调整"面板上单击"自然饱和度"按钮▽，创建"自然饱和度"调整图层，设置相关的参数，如图5-27所示。

图5-26 打开文件

图5-27 创建自然饱和度

03 参数设置完毕后，单击
对话框右上角的关闭按钮
×，效果如图5-28所示。

04 在"调整"面板上单击
"亮度/对比度"按钮，
创建"亮度/对比度"调整图
层，设置相关的参数，如图
5-29所示。

图5-28 自然饱和度效果

图5-29 创建亮度/对比度

05 参数设置完毕后，单击对话框右上角的关闭按钮
×，效果如图5-30所示。

图5-30 最终效果

5.6 色相/饱和度调色

"色相/饱和度"命令可以轻松改变图像像素的色相，增强或降低色彩的饱和度。

执行"图像"|"调整"|"色相/饱和度"命令，在弹出的"色相/饱和度"对话框中，设置参数，调整图像的色彩，如图5-31所示。

01 执行"文件"|"打开"命令，打开"色相/饱和度调试.jpg"文件，如图5-32所示。

02 按Ctrl+U快捷键，执行"色相/饱和度"命令，在弹出的"色相/饱和度"对话框中，可以选择要进行调整的颜色范围。只有选择下拉列表中的"全图"选项，才能对图像中的所有元素起作用。如果选择其他选项，则只对当前选中的颜色起作用，即调整其色相、饱和度及亮度，如图5-33所示。

图5-31 "色相/饱和度"对话框

图5-32 色相/饱和度调试图像

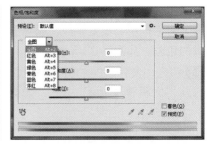

图5-33 设置图像的色彩范围

03 在色相栏左右
拖动滑块或在文本
框中输入数值，调
整图像的颜色，如
图5-34所示。

图5-34 图像的色相调整

04 在饱和度栏左右拖动滑块或在文本框中输入数值，调整图像的饱和度，如图5-35所示。

图5-35 调整图像的饱和度

05 选中"着色"复选框后，所有彩色图像的颜色都会变为单一色调，如图5-36所示。

06 在对话框下面的两条颜色条中显示了与色轮图上的颜色排列顺序相同的颜色，上面的颜色条显示了调整前的颜色，下面的颜色条显示了调整后的颜色，如图5-37所示。

图5-36 勾选"着色"后的效果　　　　　　　图5-37 对话框下面色条的作用

5.7 色彩平衡调色

　　"色彩平衡"命令可以进行一般性的色彩调节，简单快捷地调整图像颜色的构成，并混合各个色彩达到平衡。在使用该命令对图像进行色彩调整时，每个色彩调整都会影响图像中的整体色彩平衡。因此，若要精确调整图像中各色彩的成分，还需要使用"色阶"或者"曲线"等命令来调节。

　　执行"图像"|"调整"|"色彩平衡"命令，在弹出的"色彩平衡"对话框中，设置参数，调整图像的色彩，如图5-38所示。

01 执行"文件"|"打开"命令，打开"大厦夜景.jpg"文件，如图5-39所示。

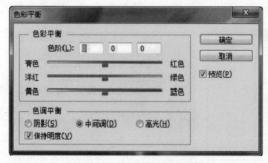

图5-38 "色彩平衡"对话框　　　　　　图5-39 打开文件

02 按Ctrl+B快捷键，执行"色彩平衡"命令，弹出"色彩平衡"对话框，选择"中间调"单选钮对"中间调"进行调整，用鼠标拖动中间的三个色调滑块来进行调节，当第一个滑块向右侧拖动时减少图像中的青色，但同时红色会增加，其他两个滑块亦是同样的道理，如图5-40所示。效果如图5-41所示。

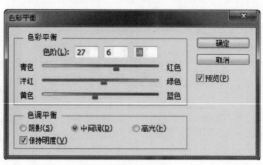

图5-40 中间调参数　　　　　　图5-41 效果

03 选中"阴影"单选钮，对"阴影"进行调整。它可以决定改变哪个色阶的像素，参数设置方法同上，如图5-42所示，效果如图5-43所示。

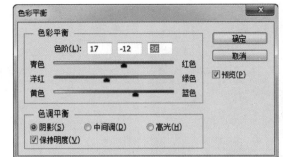

图5-42 阴影参数

图5-43 效果

04 选中"高光"单选钮对"高光"进行调整，设置色阶参数，如图5-44所示，设置完毕后，单击"确定"按钮，调出一幅唯美的夜景效果图，如图5-45所示。

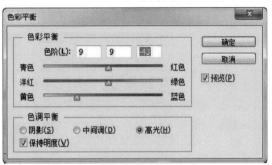

图5-44 高光参数

图5-45 最终效果

5.8 照片滤镜调色

"照片滤镜"命令是通过颜色的冷、暖色调来调整图像的，使用该命令可以选择预设的颜色，以便快速地进行色相调整，还可以通过"颜色"选项后的色块来指定颜色。

01 执行"文件"|"打开"命令，打开"素材.jpg"文件，如图5-46所示。

02 在"调整"面板上单击"照片滤镜"按钮，创建"照片滤镜"调整图层，设置相关的参数，如图5-47所示。

03 参数设置完毕后，单击对话框右上角的关闭按钮，效果如图5-48所示。

图5-46 打开文件

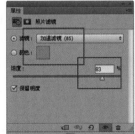

图5-47 照片滤镜参数

图5-48 最终效果

5.9 可选颜色调色

"可选颜色"命令可以有选择性地修改图像中所选颜色的浓度，而不会影响主要颜色，该命令不能对单个通道的图像进行调整。

01 执行"文件"|"打开"命令，打开"夜景.jpg"文件，如图5-49所示。

02 在"调整"面板上单击"可选颜色"按钮，创建"可选颜色"调整图层，设置"红色"的相关参数，如图5-50所示。

03 在"颜色"下拉列表中选择"黄色"选项，设置参数如图5-51所示。

图5-49 打开文件

图5-50 "红色"参数

图5-51 "黄色"参数

04 在"颜色"下拉列表中选择"蓝色"选项，设置参数如图5-52所示。

05 所有的颜色参数设置完毕后，单击对话框右上角的关闭按钮 ⨯，效果如图5-53所示。

图5-52 "蓝色"参数

图5-53 最终效果

5.10 颜色通道调色

在Photoshop中，图像的颜色信息都显示到通道中，对颜色通道进行编辑就能改变画面的颜色，在处理文件时，通过颜色通道的复制和粘贴操作，可快速更改照片的颜色，打造出简单舒适的色调效果。

01 执行"文件"|"打开"命令，打开"黄昏.jpg"文件，如图5-54所示。

02 按Ctrl+J快捷键，拷贝一份背景图层，选中"图层"|"拷贝"图层，切换到"通道"面板，单击"绿"通道，按Ctrl+A，Ctrl+C快捷键，全选并复制通道图像，如图5-55所示。

03 在"通道"面板中选中"蓝"通道，按Ctrl+V快捷键，为通道粘贴复制的"绿"通道图像，如图5-56所示。

图5-54 打开文件

图5-55 复制绿通道

图5-56 粘贴绿通道

04 按Ctrl+2快捷键切回复合通道，按Ctrl+D快捷键，取消选区，如图5-57所示。

05 切换回"图层"面板，单击"调整"面板上的"色阶"按钮 ，创建"色阶"调整图层，设置参数，如图5-58所示。

06 参数设置完毕后，关闭窗口，效果如图5-59所示。

图5-57 取消选区

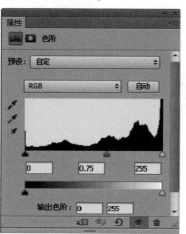
图5-58 "色阶"参数

图5-59 色阶效果

07 按Ctrl+Alt+Shift+E快捷键，合并图层，再按Ctrl+J快捷键，拷贝一份合并的图层，选中"拷贝"图层，执行"滤镜"|"模糊"|"高斯模糊"命令，弹出"高斯模糊"对话框，设置参数如图5-60所示。

08 参数设置完毕后，单击"确定"按钮，单击图层面板底部的"添加图层蒙版"按钮 ，为图层添加蒙版，按D键默认前背景色为黑白色，选择"画笔工具" ，选中图层蒙版，涂抹需要隐藏高斯模糊的位置，效果如图5-61所示。

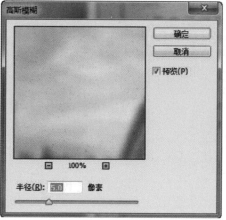
图5-60 高斯模糊

图5-61 最终效果

06 Chapter

建筑效果图编辑与修复

在使用Photoshop CC进行建筑表现的过程中，会用到Photoshop CC中的各种各样的工具，如橡皮擦工具、加深工具、减淡工具、图章工具和修复工具等，本章将介绍建筑表现中常用工具和命令的使用方法和应用技术。

6.1 完善建筑效果图

完善建筑效果图就是在Photoshop中进行后期处理时，使用各种工具环境、景观建筑，用写实的手法，通过图形的方式进行传递。所谓效果图就是在建筑、装饰施工之前，通过施工图纸，把施工后的实际效果用真实和直观的视图表现出来，让大家能够一目了然地看到施工后及后期处理后的效果。

6.1.1 橡皮擦工具

在为效果图添加配景时，加入的配景如果边界太清楚，配景会与效果图衔接生硬，这时可以用橡皮擦工具对配景的边缘进行修饰，使配景的边缘和效果图的其他配景结合更自然。

1. 使用背景橡皮擦工具选择配景素材

01 打开图像效果图"素材.jpg"文件，如图6-1所示。

02 选择"背景橡皮擦工具" ，将光标移动至图像中，单击鼠标右键，在弹出的"笔刷"面板中设置其属性，如图6-2所示。

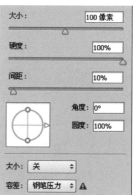

图6-1 打开的图形文件　　图6-2 设置笔刷属性

03 在工具选项栏中，设置其属性栏中的各项参数，如图6-3所示。

图6-3 "背景色橡皮擦工具"属性栏参数设置

04 按住鼠标左键并沿建筑的外轮廓拖动鼠标，此时，背景会随着笔刷开始消失，如图6-4所示。

05 遇到那些比较细碎的地方时，可以通过调整笔刷的半径大小，将"容差"值适当降低一些，如图6-5所示。

06 完成建筑的外轮廓擦除后，选择"多边形套索工具" ，将建筑的轮廓圈起来，再在图像上单击鼠标右键，在弹出的快捷菜单中选择"通过剪切的图层"选项，如图6-6所示。

图6-4 沿轮廓拖动鼠标　　图6-5 进行细部调整　　图6-6 剪切新图层

07 此时图层面板会自动多出一个图层，如图6-7所示。在图层面板中选择"图层32"为当前图层，然后为该层填充一个与图像相差比较大的背景色，这里填充的是白色，效果如图6-8所示。

图6-7 "图层"面板　　图6-8 最终效果

2. 橡皮擦工具

如图6-9所示的配景山体与山体之间和天空边界过于明显、衔接生硬，可以使用橡皮擦工具擦除一部分山体的边界，使它和天空融合自然。

图6-10 设置画笔的不透明度

01 选择配景山体所在的图层，按E键切换到"橡皮擦工具" ，调整画笔的大小，按数字1键，设置画笔的不透明度为10%，如图6-10所示。

02 按住鼠标左键，在配景山体边界位置拖动，反复擦除部分配景边界，越靠近天空边界的位置擦得越多，直到边界和天空融合得比较自然为止，效果如图6-11所示。

图6-9 衔接生硬的图像　　　　图6-11 擦除配景边界

6.1.2 加深和减淡工具

"加深工具" 和"减淡工具" 可以轻松调整图像局部的明暗。

很明显，如图6-12所示的道路路面没有颜色深浅的变化，看上去一点也不真实，和旁边的路面形成很大的反差，而如图6-13所示的经过加深减淡工具的处理后，路面就显得生动了很多，不但有颜色深浅变化，透视感也增强了，下面分别使用减淡和加深工具进行调整。

图6-12 道路处理前　　　　图6-13 道路处理后的效果

01 打开"素材.jpg"文件，选择减淡工具 ，在"范围"列表框中选择"高光"，设置曝光度为20%，如图6-14所示。

图6-14 减淡工具参数设置

02 在道路中间车轮频繁经过的区域，单击起始端和结束端，减淡斑马线附近的道路颜色，效果如图6-15所示。

03 选择加深工具 ，在"范围"列表框中选择"阴影"，设置曝光度为10%，如图6-16所示。

04 在道路中间车轮频繁经过的区域，单击起始端和结束端，加深车轮压过马路后产生的暗色调，加深减淡工具使用后的效果如图6-17所示，道路的明暗对比得到明显加强，效果更富有感染力。

图6-15 使用减淡工具后　　　　图6-17 加深减淡的最终效果

图6-16 加深工具参数设置

6.1.3 图章工具

图章工具是常用的修饰工具之一，主要用于复制图像，以修补局部图像的不足。图章工具包括"仿制图章工具" [图标] 和"图案图章工具" [图标] 两种，在建筑表现中使用较多的是仿制图章工具。

01 如图6-18所示为生活中拍摄的照片，人物的存在妨碍了其作为草地配景的素材，此时可以使用仿制图章工具将人物从草地上除去。

02 选择"仿制图章工具" [图标]，按Alt键在周围的草地上单击取样，然后移动光标至人物图像上拖动鼠标，取样图像被复制到当前位置，如图6-19所示，人物被去除掉了。在拖动鼠标的过程中，取样点（以"+"形状进行标记）也会发生移动，但取样点和复制图像位置的相对距离始终保持不变。

图6-18 照片素材　　　　　　　　　　图6-19 修复图像的效果

6.1.4 修复工具

修复工具包括"修复画笔工具" [图标]，"修补工具" [图标] 和"污点修复画笔工具" [图标]，与"仿制图章工具"的区别在于修复工具除了复制图像外，还会自动调整原图像的颜色及明度，同时虚化边界，使复制图像和原图像无缝隙融合，而不留痕迹。

"修复画笔工具" [图标] 与仿制图章工具的用法基本相同，因此这里重点介绍"修补工具" [图标] 的用法。如图6-20所示的建筑主体上洞孔较多，需要去除部分洞口美化结构。

选择"修补工具" [图标] 后，沿建筑主体圈选洞孔处，松开鼠标后得到一个选区，如图6-21所示。

按住鼠标左键，拖动选区至下方，松开鼠标左键后，系统会自动使用目标区域修复洞孔区域，并使目标区域的图像与洞孔区域的周围图像自然融合，得到如图6-22所示的去除建筑主体洞孔效果。

图6-20 建筑主体　　　　　　图6-21 圈选洞孔　　图6-22 除去洞孔的结果

6.2 修补建筑效果图的缺陷

从3ds Max软件中渲染出的效果图，一般都会有些小小的缺陷和不足，一般表现为以下几个方面。

◎ 渲染输出的效果图场景的整体灯光效果不够理想，即过亮和过暗。

◎ 主体建筑的体积感不够强。

◎ 画面的锐利度不够，也就是画面显得发灰。

◎ 画面所表现的色调和场景所要表现的色调不协调。

◎ 输出的图像构图不合理，满足不了需要等。

如果在渲染效果图的时候出现了这些不足，对于那些比较好调整的，用户可以在Photoshop软件中对渲染图进行修改；而对于那些不容易修改的，只能重新回到3ds Max中进行调整后再渲染输出。

6.2.1　修复效果图材质缺陷

在效果图制作的前期阶段，除了建模、灯光设置外，还有一个重要的环节，那就是材质的调配。材质的调配是一个非常繁杂的过程，只有为建筑模型调配好最理想的材质，才能使建筑的质感更加真实，也才能正确地表现出建筑本身所特有的肌理效果。因此，当遇到建筑材质处理的效果不理想时，一定要想办法及时补救，以免影响最终效果的表现。

对于一般的材质错误，例如材质的基本色调、色相、饱和度等不合适的情况，在Photoshop中使用色彩调整命令就可以轻松解决。对于一些比较复杂的材质错误，例如该赐予地面的材质给了建筑，最好还是在3ds Max中进行修改。

01 执行菜单栏中的"文件"|"打开"命令，打开"错误材质.jpg"文件，如图6-23所示。

这是一张渲染输出的咖啡馆效果图，仔细观察图片会发现，场景中房顶梁柱上出现了黑斑，这显然是在3ds Max中设置材质时没有注意，出现的错误，而这肯定是不合理的。

图6-23　错误材质图像

图6-24　拷贝"修补"图层

02 选择"多边形套索工具" ，选择一块光滑完整的区域，按Ctrl+J快捷键，拷贝该区域，命名为"修补"，如图6-24所示。

03 使用"移动工具" ，移动"修补"图层覆盖至黑斑区域，如图6-25所示。

图6-26　设置橡皮擦工具

04 按E键切换到"橡皮擦工具" ，在工具选项栏中设置其参数，如图6-26所示。

05 擦除修补图层的边缘区域，使修补图层更好地衔接梁柱区域，使其完美融合，修复材质错误的效果如图6-27所示。

图6-25　移动"修补"图层至黑斑区域

图6-27　修补错误材质后的效果

6.2.2　修补效果图模型缺陷

在3ds Max中处理场景觉得已经完美无缺了，位图也已经渲染输出了，往往在后期的过程中才发现有的地方因建模时没有对齐或其他原因，导致渲染图有的地方不正确。大的不好更改的错误需要重新回到3ds Max中调整好后重新渲染输出，但是像那些不是很严重的错误建模就可以直接使用Photoshop软件中的相应工具或命令进行修补。

01 执行菜单栏中的"文件"|"打开"命令，打开"错误模型.psd"文件，如图6-28所示。

图6-28　错误模型图像

02 选择"多边形套索工具" ，选择路面所在的图层，在完整的路面区域中框选出选区，如图6-29 所示。

03 按Ctrl+J快捷键，拷贝该区域，命名为"路面修补"，如图6-30所示。

04 使用"移动工具" ，移动"路面修补"图层至路面的缺陷区域，如图6-31所示。

图6-29 选择选区　　　　　　　　图6-30 拷贝图层　　　图6-31 移动"路面修补"图层至路面缺陷区域

05 按Ctrl+T快捷键，执行"自由变换"命令，调整其位置及大小，如图6-32所示。

06 选择"路面修补"图层为当前图层，按Ctrl+J快捷键，继续拷贝出一个新图层，命名为"路面修补2"，如图6-33所示。

07 使用"移动工具" ，移动"路面修补2"图层至路面缺陷没有被覆盖的区域，如图6-34所示。

图6-32 自由变换　　　　　　　　图6-33 拷贝新图层　　　　　　　图6-34 移动"路面修补2"图层

08 按Ctrl+T快捷键，执行"自由变换"命令，调整其位置及大小，如图6-35所示。

图6-36 设置橡皮擦工具

09 按E键进入"橡皮擦工具" ，在工具选项栏中设置其参数，如图6-36所示。

10 擦除"路面修补"的边缘区域，使路面修补更好地与路面衔接，使其完美融合，修复模型错误，效果如图6-37所示。

图6-35 自由变换其位置　　　　　　图6-37 修补模型缺陷的结果

6.2.3　修补效果图灯光缺陷

制作过效果图的用户都知道，建模部分不是很难，就是用那几个常用的工具和命令，将模型堆砌起来而已，最难的是灯光的创建，因为灯光创建的成功与否将直接影响到最终的效果是否被客户认可。但是，很多时候是在后期处理的过程中才发现效果图的光照效果不理想，但是客户又催得急，再加回去重新开始显然是来不及的，这时就可以使用Photoshop来救场了。

01 执行菜单栏中的"文件"|"打开"命令，打开"灯光缺陷.jpg"文件，如图6-38所示。

图6-38 灯光缺陷的图像

02 执行菜单栏中的"文件"|"打开"命令，继续打开"材质通道"文件，如图6-39所示。

03 按Ctrl+Alt快捷键，拖动并拷贝"材质通道"图层至"灯光缺陷"窗口中，并移至图层的最下方，如图6-40所示。

04 在材质通道图层，使用的"魔棒工具" 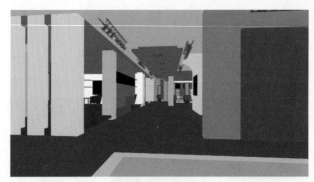，选择地面所在的区域，如图6-41所示。

图6-39 材质通道

图6-40 移动拷贝材质通道图像

图6-41 选择地面区域

05 返回灯光缺陷图层，按Ctrl+M快捷键，在弹出的"曲线"对话框中设置参数，增加地面的亮度，效果如图6-42所示。

06 在材质通道图层，使用"魔棒工具" ，选择铺装所在的区域，如图6-43所示。

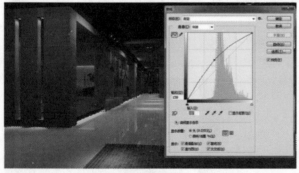

图6-42 调节地面亮度

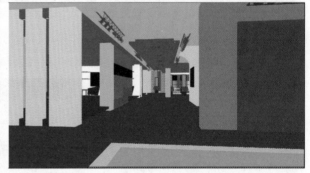

图6-43 选择铺装

07 返回灯光缺陷图层，按Ctrl+M快捷键，在弹出的"曲线"对话框中设置参数，增加铺装的亮度，效果如图6-44所示。

08 使用同样的方法调整墙体及屋顶的灯光不足，最终效果如图6-45所示。

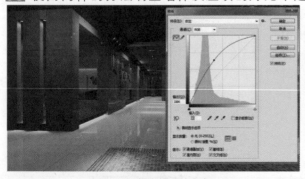

图6-44 提高铺装的亮度

图6-45 灯光修补的最终效果

07 Chapter

常用建筑配景制作

　　在建筑效果图表现中，如果要正确表现场景中所要表达的真实效果，就不能忽视影子、树木、草地、倒影、人物等配景的作用，这些配景虽然不是主体部分，但是能对场景效果起到一个协调的作用，它们处理得好与坏，将直接影响整个效果图场景的最终效果。

7.1 影子的制作

为树木等配景添加阴影，可以使配景与地面自然融合，否则添加的配景就会给人以漂浮在空中的感觉。这一节我们将通过具体的实例来讲述在效果图处理中影子的制作方法。

7.1.1 直接添加影子素材

直接添加影子的方法比较简单，只要找到影子纹理清晰，比例关系协调的素材，将它直接添加至效果图中，稍微调整即可。

01 打开"影子练习.jpg"文件，如图7-1所示。

02 按Ctrl+O快捷键，继续打开"影子素材.png"文件，如图7-2所示。

图7-1 影子练习1

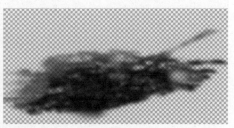
图7-2 影子素材

03 将其移动到当前操作窗口，置于素材图片的右下角，如图7-3所示。

04 按Ctrl+T快捷键，进入"自由变换"状态，适当放大影子素材，并移动到合适的位置，如图7-4所示。

图7-3 添加影子

图7-4 移动影子素材

05 更改图层混合模式为"强光"，不透明度为50%左右，得到如图7-5所示的效果。

06 根据常识我们知道，影子的边缘是很模糊的。所以需要对影子的边缘进行擦除处理。选择"橡皮擦工具" ，设置其参数如图7-6所示。进行擦除边缘，得到如图7-7所示的效果。

图7-6 设置橡皮擦参数

图7-5 设置不透明参数

07 执行"滤镜"|"模糊"|"动感模糊"命令，在弹出的"动感模糊"对话框里设置参数，如图7-8所示，使影子有被风吹动的感觉。

08 按Ctrl+J快捷键，将影子图层复制一层，加深影子效果，按Ctrl+T快捷键适当缩小其大小，如图7-9所示。

09 将其不透明度降为36%左右，执行完上述操作步骤后，得到最终效果，如图7-10所示。

图7-7 擦除影子边缘后的效果

图7-8 动感模糊

图7-9 复制图层

图7-10 最终效果

7.1.2 使用影子照片合成

将众多的配景元素与建筑进行自然地合成，表现出空间感和立体感，得到真实的照片般效果，必须遵循一定的透视和空间规律。"远小近大，远模糊近清晰"是配景合成的基本原则。

01 按Ctrl+O快捷键，打开"影子练习.jpg"文件，如图7-11所示。

图7-11 影子练习2

02 按Ctrl+O快捷键，打开一张"影子素材.jpg"照片，使用"多边形套索工具" ，选择素材中包含影子的部分，如图7-12所示。将选区移动到当前操作窗口中。

03 按住Ctrl+J快捷键拷贝几层阴影，如图7-13所示。

图7-12 影子照片

图7-13 合并图层影子

04 更改图层的混合模式为"正片叠底"，不透明度降为50%。按Ctrl+E快捷键向下合并影子图层，这样可以制作出一种阳光灿烂，穿隙而过的影像，如图7-14所示。

05 选择影子图层，按Ctrl+J快捷键，拷贝一层，选择两个影子图层，再按Ctrl+E快捷键进行合并，最后选择"橡皮擦工具" ，设置笔刷的不透明度为60%，擦除边缘的生硬部分，使之与原来给的素材融为一体，得到真实的影子效果。

图7-14 影子效果

图7-15 最终效果

06 执行完上述步骤，得到的最终效果如图7-15所示。

7.1.3 制作单个配景影子

直接制作影子具有一定的局限性，一般只限于一个独立的物体，例如一棵树、一个人或者一辆车等。接下来以树为例，讲述影子的制作方法。

01 打开"影子练习.psd"文件，如图7-16所示。

02 选择树木所在的图层，按Ctrl+J快捷键拷贝树木图层，单击拷贝图层缩览图，如图7-17所示。

图7-16 影子练习3

图7-17 拷贝树木图层

03 将拷贝的树木选中，按Ctrl+U快捷键，在弹出的"色相/饱和度"对话框中，将饱和度和明度的滑块移至最左边，数值为−100（或者按住Ctrl+M快捷键），打开"曲线"对话框，将纵轴输出值设为0，如图7-18所示。

04 将拷贝的图层移至树木图层的下方，按Ctrl+T快捷键，进入自由变换状态，在弹出的快捷菜单中选择"旋转90度 顺时针"选项，如图7-19所示。

图7-18 色相/饱和度

图7-19 翻转图层

05 根据光线照射的方向，按Ctrl+T快捷键，再选择"扭曲"选项，将树影调小并调整影子的方向和形状，如图7-20所示。

06 更改"图层混合模式"为"正片叠底"，将其不透明度降为75%，得到效果如图7-21所示。

图7-20 自由变换

图7-21 调整图层的不透明度

07 执行"滤镜"|"模糊"|"动感模糊"命令，在弹出的"动感模糊"对话框中调整参数，让树影显示树木是在风中摇摆的效果，再用"橡皮擦工具" ，将锐利的边缘擦模糊，如图7-22所示。

08 使用相同的方法制作道路左边的树的影子，效果如图7-23所示。

图7-22 动感模糊

图7-23 树影

09 选择地灯所在的图层，按Ctrl+J快捷键拷贝地灯图层，如图7-24所示。

10 将拷贝的地灯选中，按住Ctrl键，单击拷贝图层缩览图，建立选区，按Ctrl+Delete快捷键，填充黑色，再按Ctrl+D快捷键，取消选区，如图7-25所示。

图7-24 拷贝地灯图层

图7-25 填充黑色

11 按Ctrl+[快捷键，将拷贝的图层调至地灯图层下方，按Ctrl+T快捷键，进入"自由变换"状态，按住Ctrl键，单击并移动变换点，根据光线照射的方向进行位置调整，如图7-26所示。

12 更改"图层混合模式"为"正片叠底"，将其不透明度降为75%，得到的效果如图7-27所示。

图7-26 自由变换

图7-27 调整图层模式

13 使用"橡皮擦工具" ✐，将边缘的锐利部分擦除，如图7-28 所示。

14 使用相同的方法制作其他地灯的影子，最终效果如图7-29所示。

图7-28 擦除锐利部分

图7-29 最终效果

> **提示**
>
> 当树木素材的投影在草地上时，为了能体现出草地的纹理，一般会将影子的混合模式设为"强光"，而不是简单地改变其不透明度。

7.2 树木和草地的添加

使用树木配景可以使建筑与自然环境融为一体，因此，在进行室外效果图的后期处理时，必须为场景添加一些树木配景。作为建筑配景的植物种类有乔木、灌木、花丛、草地等，通过不同的高矮层次、不同品种、不同颜色、不同种植方式的植物搭配，可以形成丰富多样、赏心悦目的园林景观效果，从而表现建筑环境的优美和自然，如图7-30所示。

图7-30 不同植物的种植

7.2.1 树木配景的添加原则

树木配景可以分近景树、中景树和远景树3种，分层次处理好3种树木的关系，可以增强效果图场景的透视感。在处理时，要特别注意由近到远的透视关系与空间关系。树木的透视关系重要表现为近大远小，空间关系重要表现为色彩的明暗和对比度的变化，调整好透视关系和空间关系后，还要为树木制作阴影效果，如图7-31 所示。

在制作阴影效果时，重点要处理好树木的受光面和阴影的关系，注意阴影与场景的光照方向一致，要有透视感。鉴于树木配景的添加方法与人物等配景的添加方法基本相同，这里就不举例说明了，本章有大量的树木添加练习。

图7-31 树木配景

7.2.2 草地的添加

根据透视关系我们知道，离视线近的地方，草地的纹理就会比较清晰，越远草地就越模糊，根据这样的规律，在处理草地的时候就不难了。

1. 透视草地的制作

01 打开一张"草地练习.jpg"的素材图片，如图7-32所示。

02 按Ctrl+O快捷键打开"草地.png"素材，如图7-33所示。

图7-32 草地练习文件

03 使用"矩形选框工具" ，设置工具选项栏中的羽化为10像素，在"草地"素材中选择中间色感比较好的部分绘制一个矩形选框，如图7-34所示。

图7-33 草地素材

图7-34 选取草地

04 将选取的草地移动至当前操作窗口中，按Ctrl+T快捷键，进入"自由变换"状态，调整其大小，如图7-35所示。

05 按Ctrl+J快捷键，拷贝的草地图层直至铺满场景上半部分区域，如图7-36所示。

06 按Shift键，选中草地素材图层所有的拷贝图层，按Ctrl+E快捷键，合并图层，如图7-37所示。

图7-35 调整草地大小

图7-36 拷贝草地图层

图7-37 合并图层

07 单击图层面板上的"添加图层蒙版"按钮 ，为其添加蒙版，按D键系统自动默认前背景色为黑白色，使用画笔在蒙版上涂抹隐藏道路上的草地，使其显现道路，得到如图7-38所示的效果。

08 继续将选取的草地素材移动到当前操作窗口中，按Ctrl+T快捷键，进入"自由变换"状态，调整其大小，如图7-39所示。

09 按Ctrl+J快捷键，拷贝两层"草地"素材。再按Ctrl+E快捷键合并图层，同样地为图层添加图层蒙版，并将其道路显示出来，得到如图7-40所示的效果。

图7-38 添加图层蒙版后的效果

图7-39 添加草地素材

图7-40 添加图层蒙版后的效果

10 按Ctrl+E快捷键，合并两个草地素材图层，使用"橡皮擦工具" ，将其不透明度降为30%左右，擦除边缘接缝生硬的地方，如图7-41所示。

11 按Ctrl+O快捷键，打开如图7-42所示的"远景树木素材.psd"，为场景添加配景。添加远景树木素材后的效果如图7-43所示。

图7-41 修饰草地

图7-42 远景树

图7-43 加远景树木后的效果

12 继续打开"树木和落叶素材.psd",如图7-44所示,为其添加树木配景,效果如图7-45所示。

13 按Ctrl+Shift+N快捷键新建一图层,再选择"画笔工具" ，设置其不透明度为40%,流量为72%。

14 在工具箱中单击前景色色块,在弹出的"拾色器"对话框中,设置前景色为(R238,G217,B98)。

15 在场景中涂抹出如图7-46所示的效果。更改"图层混合模式"为"叠

图7-44 树木配景素材

图7-45 添加完配景后的素材

加",不透明度降为77%,制作出阳光照射草地时的阴暗程度效果,如图7-47所示。

16 再为场景制作树木阴影,上面已经介绍了树木阴影的制作方法,这里就不再详细介绍了,做好树木阴影后,更改混合模式为"强光",不透明度设为48%,选择"橡皮擦工具" ，将其不透明度改为34%,流量设为46%,在树木阴影的边缘涂抹。得到如图7-48所示的阴影效果。

图7-46 涂抹区域

图7-47 阴暗面效果

图7-48 制作阴影

17 使用相同的方法为其他树木制作阴影,得到如图7-49所示的效果。

18 为场景添加如图7-50所示的人物配景。按Ctrl+T快捷键,适当调整大小,得到如图7-51所示的效果。

图7-49 添加阴影后的效果

图7-50 人物配景

图7-51 加人物后的场景

19 按住Alt+Ctrl+Shift+E快捷键,选择"多边形套索工具" ，在场景的亮光区域建立如图 7-52所示的选区。

20 在面板区单击"创建新的填充或可调整图层"按钮 ，如图7-53所示设置其参数。得到如图7-54所示的效果。

图7-52 抠选亮光区域

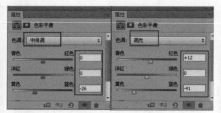

图7-53 设置色彩平衡参数

图7-54 色彩平衡效果

21 继续选择"多边形套索工具" 📐 ，在场景中抠选出如图7-55所示的区域。

22 继续在面板区单击"创建新的填充或调整图层"按钮 ⊘ ，设置其参数如图7-56所示，得到如图7-57所示的效果。

图7-55 用多边形套索工具选择区域

图7-56 设置色彩平衡参数

图7-57 色彩平衡后的效果

23 最后对整个场景单击"创建新的填充或调整图层"按钮 ⊘ ，依次调整如图7-58所示参数。

24 执行完上述步骤后，得到的最终效果如图7-59所示。

图7-58 调整参数

图7-59 最终效果

2. 鸟瞰草地的制作

01 打开"鸟瞰草地练习.jpg"文件和"草地素材"文件，如图7-60和图7-61所示。

02 将草地素材移动到当前操作窗口中，按Ctrl+T快捷键，调整其大小，如图7-62所示。反复拷贝草地素材，直至铺满所要添加区域为止（使用"仿制图章工具" 🔖 ，按住Alt键选取色块比较好的草地单击取样，然后移动光标至草地图像上推动鼠标，取样图像被拷贝到当前位置如图7-63所示）。

03 选中图层，单击图层面板中的"添加图层蒙版"按钮 ▣ ，按D键系统默认前背景色为黑白色，选中蒙版，使用画笔涂抹道路的位置，

图7-60 鸟瞰草地练习文件

图7-61 草地素材

图7-62 调整草地大小

图7-63 取样修复图像

使其显示，效果如图7-64所示。

04 为场景添加如图7-65所示的鸟瞰素材配景。依次添加至画面中，得到一个如图7-66所示的效果。

05 新建图层，设置前景色为（R138，G150，B69），按Alt+Delelte快捷键填充前景色，选择"橡皮擦工具" ，将其不透明度调为30%，擦除中间的地方，得到的最终效果如图7-67所示。

图7-64 添加蒙版后的效果

图7-65 配景素材   图7-66 配景后的效果   图7-67 最终效果

7.3 倒影的制作

倒影的制作其实和影子的制作是大同小异的，但是相对于影子的制作来说，它还是有其独特的地方。一般来说，倒影处理分为透视图和鸟瞰图两种，处理略有不同。

7.3.1 透视图中倒影的处理

为水岸边的树木、建筑添加倒影，可以使建筑、树木与水面自然融合，如果没有倒影就给人很不真实的感觉，会出现建筑、树木离水面很远的错觉。

01 打开"倒影制作素材.jpg"文件，如图7-68所示。

02 选择建筑图层，按Ctrl+J快捷键，拷贝一个图层，得到拷贝图层，如图7-69所示。

图7-68 倒影制作素材   图7-69 拷贝图层

03 按Ctrl+T快捷键，进入"自由变换"状态，单击鼠标右键，在弹出的菜单中选择"垂直翻转"选项，改变其不透明度为60%，如图7-70所示。

04 使用"橡皮擦工具" ，擦除锐利部分，给建筑倒影制作出渐隐效果，如图7-71所示。

图7-70 翻转图层   图7-71 渐隐效果

05 应用相同的方法选择树木图层，按Ctrl+J快捷键，拷贝图层，得到拷贝图层，如图7-72所示。

06 按Ctrl+T快捷键，进入"自由变换"状态，单击鼠标右键，在弹出的菜单中选择"垂直翻转"选项，改变其不透明度为60%，如图7-73所示。

图7-72 拷贝树木图层　　　　　　　　图7-73 垂直翻转

07 使用"橡皮擦工具" ，擦除锐利部分，给建筑倒影制作出渐隐的效果，如图7-74所示。

08 制作好倒影后，执行"滤镜"|"扭曲"|"水波"命令，制作水波效果，设置其参数如图7-75所示。

09 将倒影图层分别执行"滤镜"|"模糊"|"动感模糊"命令，并调整为接近水面的颜色，得到的最终效果如图7-76所示。

图7-75 水波效果

图7-74 擦出渐隐效果　　　　　　　　　　图7-76 最终效果

7.3.2 鸟瞰图中倒影的处理

在鸟瞰图中，一般水面和岸边的植物关系不是十分清晰明确，水体深度一般也会比一般透视图中的要深，所以在处理倒影的时候，不需要很精确地将倒影做出，一般采用照片合成的方式比较常见，或者用一个倒影反复复制得到，只需要调整好倒影的大小、高矮、疏密程度就可以了。

01 打开Photoshop CC软件，按Ctrl+O快捷键，打开"鸟瞰练习.psd"文件，如图7-77所示。

02 按Ctrl+O快捷键，打开"倒影素材"，如图7-78所示。

03 将倒影图层移动到当前操作窗口中，按Ctrl+T快捷键，进入"自由变换"状态，使其覆盖整个水面，如图7-79所示，按回车键确定变换。

图7-77 鸟瞰练习　　　　　　图7-78 倒影素材　　　　　　图7-79 覆盖水面

04 按Ctrl+Tab快捷键，切回的"倒影素材"窗口，将倒影部分用"套索工具" 灵活抠出，移动到当前操作窗口中，如图7-80所示。

05 将倒影置于背景层的上面一层，按Ctrl+T快捷键，进入"自由变换"状态，根据沿岸树木植被的实际情况来变换倒影的形状，如图7-81所示。

06 依次将周围覆盖，如图7-82所示。

图7-80 移动至当前窗口　　　　　　图7-81 自由变换　　　　　　图7-82 依次覆盖

07 选择"橡皮擦工具" ，在工具选项栏中选择柔角边的画笔，将倒影周边锐利部分细心擦除，使倒影与水面融合，并更改其图层的不透明度为60%，如图7-83所示。

08 岸边通常还会有一些特别的树木，在制作倒影时要另外选取，使用"套索工具" 灵活地选择，并按Ctrl+J快捷键拷贝到新的图层中。

09 将倒影图层分别执行"滤镜"|"模糊"|"动感模糊"命令，并调整为接近水面的颜色。

10 得到的最终效果如图7-84所示。

图7-83 擦除边缘　　　　　　图7-84 最终效果

7.4 水岸的制作

　　水岸的处理一般是指沿岸水植的处理，强调水和岸的关系以及水植和水的关系。本节讲解水岸的具体制作方法。

01 打开Photoshop CC软件，按Ctrl+O快捷键，打开"水岸练习文件.psd"和"素材.psd"文件，分别如图7-85和图7-86所示。

02 将如图7-87所示的水岸素材移动到当前操作窗口，放至适当的位置，按Ctrl+T快捷键调整大小和方向，如图7-88所示。

图7-87 选中的水岸素材

图7-85 水岸练习图案　　　　　　图7-86 水岸素材　　　　　　图7-88 调整素材大小

03 使用"移动工具" ，将"水草1"移动至当前操作窗口中，再按Ctrl+T快捷键，进入"自由变换"状态，调整其大小，放置到适合位置，如图7-89所示。

04 使用"移动工具" ，将石头移动至当前操作窗口中，再按Ctrl+T快捷键，进入"自由变换"状态，调整其大小，将其放置于水草图层后边，如图7-90所示。

05 移动"水草2"至当前操作窗口中，按Ctrl+T快捷键，调整其大小，放置到合适位置，如图7-91所示。

图7-89 添加水草1

图7-90 添加石头

图7-91 添加水草2

06 使用同样的方法制作水岸周边的植物、石头，效果如图7-92所示。

07 选中添加的水面素材，按Ctrl+J快捷键拷贝图层，按Ctrl+T快捷键，单击鼠标右键，在弹出的快捷菜单中选择"垂直翻转"选项。并适当调整大小。

08 使用"橡皮擦工具" ，将其不透明度降为30%，在水面素材与水面相交的边缘附近涂抹，制作水面倒影效果，如图7-93所示。

09 用此方法继续制作其他的水面素材倒影效果，得到如图7-94所示的效果。

图7-92 加完植物、石头后的效果

图7-93 制作阴影

图7-94 制作完阴影后的效果

10 选择"画笔工具" ，在工具箱中单击前景色色块，在弹出的"拾色器"对话框中，设置如图7-95所示的前景色。

11 按]键调整画笔的大小，在效果图中涂抹出如图7-96所示的效果，更改图层的混合模式为"颜色减淡"，填充为27%。

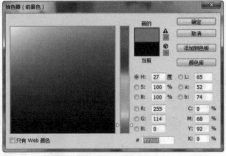
图7-95 设置前景色

图7-96 画笔涂抹后的效果

12 最后添加阴影效果，设置如图7-97所示的不透明度参数。按Alt+Ctrl+Shift+E快捷键，盖印可见图层，并创建色彩平衡调整图层，设置参数如图7-98所示。

13 执行完上述操作步骤后，得到如图7-99所示的最终效果。

图7-97 添加阴影设置其不透明度参数　　图7-98 设置色彩平衡参数　　图7-99 最终效果

7.5 水面的制作

水是万物之灵，也是植物生存的根本。

水面的处理不是很常见，要根据渲染的模型而定，但水面的处理仍然是后期处理必要掌握的一部分内容，它对环境的表现有着非常重要的作用。

01 打开Photoshop CC软件，按Ctrl+O快捷键，打开"水面制作.psd"文件，如图7-100所示。

02 继续按Ctrl+O快捷键，打开"水面素材.jpg"文件，如图7-101所示。

图7-101 水面素材1

图7-100 水面制作素材

03 将"水面素材"添加至效果图中，按Ctrl+T快捷键，进入"自由变换"状态，调整水面素材的大小至覆盖水面区域，如图7-102所示。

04 执行"窗口"|"通道"命令，展开"通道"面板，选中"Alpha 12"通道，并单击底部的"将通道作为选区载入"按钮，如图7-103所示。

05 切回到图层面板，选中"水面素材"图层并单击底部的"添加图层蒙版"按钮，更改图层"混合模式"为"叠加"，不透明度为92%，效果如图7-104所示。

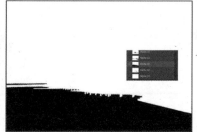

图7-102 添加水面素材　　图7-103 Alphar通道　　图7-104 添加水面素材后的效果

06 继续将如图7-105所示的水面素材2添加到场景中，按Ctrl+T快捷键调整其大小覆盖水面区域，将水面素材的图层蒙版拷贝至素材2图层上，更改图层的"混合模式"为"叠加"，得到如图7-106所示的效果。

图7-105 水面素材2　　图7-106 添加"水面素材2"后的效果

07 打开已有的水面配景素材，如图7–107所示。

08 将配景素材依次移至画面中，新建图层，设前景色为白色，选择"渐变工具" ▣，在渐变编辑器中选择"前景色到透明渐变"选项，并单击"径向渐变"按钮 ▣，在场景左上方拉出渐变，如图7–108所示。

09 更改不透明度为30%，得到最终效果，如图7–109所示。

图7-107 配景素材

图7-108 渐变效果

图7-109 最终效果

7.6　天空背景的制作

　　天空的表现对于建筑透视图制作具有重要意义，通过添加不同的天空背景，在色彩、亮度以及云彩大小、形状上予以丰富的变化，将为建筑营造出不同的氛围。

　　如图7–110所示为晴空，无论是白云，还是一片肃静的蓝天，都给人一种晴朗的惬意感。

图7-110 晴空万里的天空

　　如图 7–111所示为乌云密布大雨将至的天空，通过暗沉的天空表现，营造出下雨前压抑、沉重的气氛。

　　如图 7–112所示为夜晚的天空，纯净的深蓝色，给人静谧之感。

图 7-111 乌云密布的天空

图 7-112 夜晚渐变的天空

7.6.1　使用渐变制作天空

1．方法1

　　使用渐变填充天空背景的方法，一般适合于制作晴朗无云的晴空，天空看起来宁静、高远，干净得没有一丝杂质。

01 打开"渐变天空素材.psd"文件，在图层面板底端新建一个图层，如图7–113所示。

02 单击工具箱中的前景色色块，在弹出的"拾色器"对话框中设置前景色为天空最浅的颜色，这里设置为白色，单击背景色色块，设置背景色为天空最深的颜色，值为（R103，G147，B231）。

03 选择"渐变工具" ，在工具选项栏的渐变列表框中选择"前景到背景"渐变类型，在中间添加一个色标，RGB值设为（R162，G198，B250），单击"确定"按钮，并单击"线性渐变"按钮 ■，如图7-114所示。

图7-113 渐变天空素材　　　　　图7-114 设置渐变工具参数

04 移动光标至画面左下角，然后拖动鼠标至右上角，填充渐变如图7-115所示，得到晴朗天空效果，最终效果如图7-116所示。

05 使用渐变制作的天空给人一种简洁、宁静的感觉，比较适合主体建筑较为复杂的场景使用。

图7-115 填充渐变　　　　　图7-116 最终效果

2. 方法2

使用颜色调整的方法制作天空的远近距离感。

01 在建筑物图层下方新建图层，按Alt+Delete快捷键填充深蓝色，如图7-117所示。

02 按D键，恢复前/背景色为默认的黑白颜色。

03 单击工具箱中的"快速蒙版"按钮 ■ 或按Q快捷键，快速进入蒙版编辑模式。

04 选择"渐变工具" ■，从画面右下角向左上角方向推动鼠标，填充一层半透明的红色蒙版，如图7-118所示。

图7-117 填充颜色　　　　　图7-118 快速蒙版编辑状态

05 按Q快捷键，退出快速蒙版编辑模式，得到如图7-119所示的选区。按Ctrl+Shift+I快捷键，反选当前选区。

06 执行"图像"|"调整"|"亮度/对比度"命令，打开"亮度/对比度"对话框，向右滑动亮度和对比度滑块，即可得到有远近变化的天空效果，如图7-120所示。

图7-119 返回正常编辑模式　　　　　图7-120 亮度/对比度调整

7.6.2 合成有云朵的天空

　　素材合成法适合制作颜色、层次变换有度的天空，使天空看起来具有丰富的美感，温暖而切合人心。值得注意的是，根据建筑场景表现的季节、时间和天气的不同，选择的天空图片也应该有所不同，夜晚建筑场景，则应选择夜晚天空图片；而若建筑场景表现的是晴空万里的炎炎夏日，则应选择云彩较少的天空图片。

01 运行Photoshop，打开"合成有云朵的天空素材.png"文件，如图7-121所示。

02 按Ctrl+O快捷键，打开"天空1.jpg"和"天空2.jpg"素材文件，如图7-122和图7-123所示。

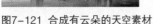

图7-121 合成有云朵的天空素材　　　　图7-122 天空1　　　　　　图7-123 天空2

03 首先将"天空2"添加至效果图中，将天空背景置于图层面板的底层，按Ctrl+T快捷键调整大小，效果如图7-124所示。

04 继续添加"天空1"，按Ctrl+T快捷键调整大小，将其移动到合适的位置，如图7-125所示。

05 单击图层面板下方的"添加图层蒙版"按钮 ▣ ，给"天空1"背景素材添加图层蒙版，这样方便后面制作渐隐的图像效果。

06 按D键，恢复默认的前背景色，单击工具箱中的"渐变工具" ▣ ，在效果图右下角进行拉伸渐变，将"天空1"右侧的部分进行渐隐隐藏，最后添加背景效果，如图7-126所示。

图7-124 添加"天空2"后的效果　　图7-125 添加"天空1"后的效果　　图7-126 最终效果

7.6.3 天空制作的注意事项

1. 根据建筑物的用途变换氛围

　　不同性质的建筑应表现出不同的气氛。例如居住区的建筑就应该表现出亲切、温馨的氛围，商业建筑要有繁华、热闹、动感的氛围，办公建筑应表现出庄重、严肃的气氛。

　　作为气氛表现的主要组成成分，天空背景的选择应切合气氛表现的需要。如图7-127所示为政府办公大楼建筑，使用了低饱和度的阴暗天空，表现出办公大楼的庄重和严肃。

　　如图7-128所示为居民小区场景，使用高饱和度的蓝色和轻松、活泼的云彩，

图7-127 政府办公大楼　　　　　　图7-128 住宅小区

表现出住宅小区的温馨和亲切。

2. 选择与建筑物形态匹配的天空素材

作为配景的天空背景，应与建筑物形态相协调，以突出、美化建筑，不应喧宾夺主，以避免分散读者对建筑的注意力。

结构、场景复杂的建筑宜选用简单的天空素材作为背景，如图7-129所示。而结构简单的建筑宜选用云彩较多的天空作为背景，以丰富画面、平均构图，如图7-130所示。

图7-129 场景复杂的建筑和简洁的天空背景

图7-130 结构简单的建筑和复杂的天空背景

3. 调整与建筑物对比的天空颜色

将天空设置为与建筑物构成对比的颜色可以强调建筑物。在如图7-131所示的夜景场景中，建筑物室内暖色灯光与深蓝色天空的对比，形成强烈的视觉冲击。

如图7-132所示，暗红色的住宅与青色的天空也形成颜色的对比。

图7-131 夜晚天空与建筑物室内灯光对比

图7-132 住宅与天空的颜色对比

4. 天空自身也要有远近感

天空是场景中最远的背景，在画面中占据着一半或更多的面积。为了表现出整个场景的距离感和纵深感，天空图形本身应通过颜色差异、云彩的大小和形状表现出远近感，使整个场景更为真实，如图7-133所示。

图7-133 有远近感的天空

5. 根据照明方向和视角表现天空

根据颜色的明暗，天空图片也有照明方向之分。靠近太阳方向的天空，颜色亮且耀眼，远离太阳的方向颜色深而鲜明。在如图7-134 a)所示的场景中，从建筑的阴影方向和位置可知，太阳的方向在建筑物的右上方，而天空的高光区域为左侧，显然与场景不符。正确的天空方向应如图7-134 b)所示。

a) 错误的天空方向

b) 正确的天空方向

图7-134 天空与照明的方向

7.7 建筑后期处理

随着建筑行业的高速发展，建筑表现行业已经日趋成熟，分工也越来越细化，一些专业的效果图公司已经将效果图制作分为前期建模、渲染和后期处理三道工序。前期建模主要是使用3ds Max软件制作建筑模型并赋予材质、布置灯光，然后渲染输出为位图文件。由于3ds Max软件渲染出来的图像并不完美，需要通过后期处理来弥补一些缺陷并制作环境配景，以真实模拟现实空间或环境，这一过程就是后期处理工作，通常需要在Photoshop中完成。后期处理决定了效果图最终表现效果的成败和艺术水准。

在前期建模渲染的时候，虽然灯光材质都进行了精心的调整，但是后期的光影表现还是有所欠缺的。这就需要在后期处理中针对材质失真、对比度、饱和度、亮度等多个方面的问题进行解决。

本节以具体的实例讲解建筑后期处理的基本方法。建筑材质处理前后对比效果如图7-135和图7-136所示。

从图中可以看出，建筑在图中显得很暗淡，没有生机和亮点。这与建筑设计构思者的最初想法是相悖而行的，通过后期处理对建筑进行后期加工，使之跃然于纸面。

图7-135 建筑后期处理前效果

图7-136 建筑后期处理后效果

01 打开"建筑效果图.jpg"文件，如图7-135所示。

02 新建图层，选择"画笔工具" ✐，在工具箱中单击前景色色块，在弹出的"拾色器"对话框中设置前景色为（R255，G90，B0），按"]"键调整画笔的大小，在效果图中涂抹出如图7-137a）所示的效果，更改"图层混合模式"为"颜色减淡"，填充为29%。

03 新建图层，继续用"画笔工具" ✐，在工具箱中单击前景色色块，拾取前景色为（R20，G74，B174），涂抹出如图7-137b）所示的效果，更改"图层混合模式"为"叠加"，填充为19%。

a）第一次涂抹的效果

b）第二次涂抹的效果

c）第三次涂抹的效果

图7-137 画笔涂抹后的效果

04 用第二步讲到的方法涂抹出如图7-137c）所示的效果，更改"图层混合模式"为"颜色减淡"，填充为27%。

05 按住Alt+Ctrl+Shift+E快捷键，盖印可见图层，单击调整面板上的"创建新的色彩平衡调整图层"按钮 ，设置参数如图7-138所示。

06 执行完上述步骤后得到如图7-136所示的最终效果。

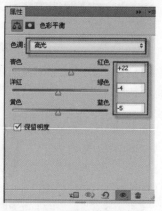

图7-138 设置色彩平衡参数

7.8 玻璃材质的处理

玻璃是建筑中最难表现的材质。与一般的其他材质有固定的表现形式不同，玻璃会根据周围景观的不同有很多变化。同一块玻璃，在不同的天气状况下，不同的观察角度下，会看到不同的效果。

玻璃的最大特征是透明和反射，不同的玻璃其反射强度和透明度会不相同。在如图7-139所示的照片中，建筑的玻璃由于反射了天空，使玻璃呈现出极高的亮度，较低的透明度。低层建筑的玻璃由于周围建筑的遮挡而光线较暗，呈现出极高的透明度和较低的反射度。

图7-139 建筑玻璃照片

实际使用的玻璃可分为透明玻璃和反射玻璃两种。透明玻璃透明性好，反射性较弱，如图7-140所示。透明玻璃由于透出建筑的内部场景，而看起来暗一些。反射玻璃由于表面镀了一层薄膜（又称镀膜玻璃），而呈现极强的反射特性，如图7-141所示。

图7-140 使用透明玻璃的建筑　　图7-141 使用反射玻璃的建筑

7.8.1 透明玻璃的处理方法

透明玻璃一般常见于商业街的门面或者家居、别墅的落地窗户，从室内透射出来的暖暖的黄色灯光，给人一种温馨、热闹、繁华的感受，而透明质感则给人一种窗明几净、舒适的感觉。

这样透明质感的玻璃在后期效果处理中并不难，只要借助于一定的素材和图层蒙版就可以完成，下面我们来学习。

01 按Ctrl+O快捷键，打开"商业街.psd"文件。如图7-142所示为处理前后的效果。

图7-142 处理前后效果对比

02 继续按Ctrl+O快捷键，打开"店铺素材.psd"，如图7-143所示。

图7-143 商业店铺照片素材

03 将商业店铺图片素材移动到当前操作窗口，移动到适当的位置，按Ctrl+T快捷键调整素材的大小。

04 在通道图中选择红色区域，如图7-144所示，再到图层面板中单击"添加图层蒙版"按钮，为店铺素材添加图层蒙版。用相同的方法为其他商铺添加照片素材，得到如图7-145所示的效果。

图7-144 通道图

图7-145 添加完商铺素材后的效果

05 最后为场景添加树木、人物的配景素材。添加完配景素材后，在沿街商铺中选择玻璃图层，按Ctrl+U快捷键，在弹出的"色相/饱和度"对话框中增加饱和度，得到如图7-146所示的效果。

06 选择"画笔工具"，在工具箱中单击前景色色块，在弹出的"拾色器"对话框中，设置前景色为（R255，G127，B0），按]键调整画笔的大小，将其不透明度改为30%，在效果图中涂抹出如图7-147所示的效果。

图7-146 色相/饱和度

07 执行完上述操作后，得到如图7-148所示的最终效果。

图7-147 涂抹后的效果

图7-148 最终效果

7.8.2　反光玻璃的处理方法

反光玻璃的特点主要为玻璃的暗处透明性较好，而亮处反射较强。抓住了这一特点，在处理反光玻璃时也就不难了。

01 按Ctrl+O快捷键，打开"反光玻璃处理.psd"文件，如图7-149所示。

02 使用"魔棒工具"，选择颜色材质通道图中的玻璃区域，如图7-150所示，切换到建筑图层，按Ctrl+J快捷键，拷贝玻璃至新的图层。

03 按Ctrl+O快捷键，打开"玻璃反射"素材图片，如图7-151所示。

图7-149 反光玻璃处理文件

图7-150 通道图

图7-151 玻璃反射素材

04 将素材拷贝到玻璃图层的上方，执行"图层" | "剪贴蒙版"命令，或者按Ctrl+Alt+G快捷键，将素材与玻璃图层进行快速剪切。

05 最后效果如图7-152所示。可以看见在玻璃上面明显有了外景的反射效果，这样做出来的玻璃就比较接近真实，而不是纯粹的只有半透明效果。

图7-152 玻璃反射效果

7.9 道路和斑马线的制作

　　道路和斑马线的处理，通常都是联系在一起的，不仅要表现道路的质感，还要通过斑马线来强化道路的透视关系。一般道路的处理包括纹理和颜色的深浅处理，常用到的命令为：添加杂色、高斯模糊和色阶等，而斑马线一般会用到连续复制、变形命令等。

　　下面以一个简单的实例来介绍道路和斑马线的处理方法。

01 按Ctrl+O快捷键，打开"斑马线.jpg"文件，如图7-153所示。

02 按Ctrl+Shift+N快捷键，新建一个图层，命令为"斑马线"。

03 选择"矩形工具" ▣，设置其参数如图7-154所示，绘制出一个斑马线的白色条纹，按Ctrl+J快捷键拷贝白色条纹，如图7-155所示。然后按Ctrl+T快捷键，调用变换命令，但此时不需要调整其大小，而是按住Shift+→快捷键，水平方向移动白色条纹。

图7-153 道路斑马线制作文件

图7-154 设置矩形工具选项栏参数

04 建立水平参考线，确保条纹在同一水平线上，再按Ctrl+Shift+Alt+T快捷键，等距离连续拷贝一条斑马线，如图7-156所示。

图7-155 绘制斑马线

图7-156 等距拷贝斑马线

05 按住Shift键选中所有的斑马线形状图层，按Ctrl+E快捷键，合并斑马线图层，按Ctrl+T快捷键调整斑马线的方向，在斑马线图层中单击鼠标右键，执行栅格化图层，如图7-157所示。

06 选择"多边形套索工具" 🔽，将斑马线图层中的阴影区域抠选出来，如图7-158所示，按两次Ctrl+J快捷键拷贝图层，将抠选拷贝图层的不透明度降为

图7-157 删格化图层

图7-158 抠选阴影区域

64%，制作斑马线的阴影效果，如图7-159所示。

07 用相同的方法制作另一路口的斑马线，得到的最终效果如图7-160所示。

图7-159 制作阴影后的斑马线

图7-160 最终效果

7.10 绿篱的制作

　　绿篱的处理在后期处理中也是很常见的，它分为弧形状和条形状两种形状，在处理中应注意它的三个面关系，把握好在场景中的比例关系即可。

01 按Ctrl+O快捷键，打开"绿篱原图素材.psd"原始文件，按要求把图中的绿色方体占据的位置种上绿篱，如图7-161所示。

02 再按Ctrl+O快捷键，打开一张"绿篱.psd"的素材文件，如图7-162所示。

03 选择"移动工具" ▶₊，将红色绿篱移动到当前操作窗口中，按Ctrl+T快捷键，进入自由变换状态，调整好位置、大小，按Alt键同图层拷贝几份，把红色覆盖，如图7-163所示。

04 切换至通道图，并用"魔棒工具" 🔍 选择红色区域，然后为绿篱图层添加"图层蒙版" ▣，效果如图7-164所示。

图7-161 打开文件

图7-162 绿篱素材

图7-163 图层拷贝

图7-164 快速蒙版

05 将绿篱图层的不透明度调整到30%，使用"多边形套索工具" ，选择绿篱的暗面，按Ctrl+M快捷键，在弹出的对话框中设置参数，将选中的部分压暗，如图7-165所示。

06 使用相同的方法，将绿色绿篱和黄色绿篱制作出来，效果如图7-166所示。

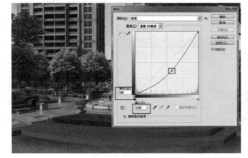

图7-165 曲线

图7-166 添加绿篱和黄篱

07 使用"移动工具" ，将"绿篱素材"移动到当前操作窗口中，按Ctrl+T快捷键，进入自由变换，调整好位置，使绿篱更加真实，如图7-167所示。

08 最后使用相同的方法，将剩余的制作完成，按照初始绿篱方体的形状，使用橡皮擦工具 ，将绿篱多余部分擦除。最终效果如图7-168所示。

图7-167 绿篱素材2

图7-168 最终效果

7.11 山体的制作

山体的制作看起来很复杂，实际上它就是素材的拼合和加工，注意山体本身亮面和暗面的关系，处理好亮光部分和阴影部分即可。接下来将以一个简单的小实例来讲述山体的制作方法。

01 按Ctrl+O快捷键，打开"山体练习.jpg"原始文件，如图7-169所示。

02 按Ctrl+O快捷键，打开"山体素材.jpg"文件，如图7-170所示。

图7-170 山体素材

图7-169 导入文件

03 使用"套索工具" ，灵活选出所需要的小山体，如图7-171所示。

04 使用"移动工具" ，将其移动到当前效果图的操作窗口中，按Ctrl+T快捷键，进入"自由变换"状态，调整其大小，使山体素材和图像中的其他配景素材比例协调，如图7-172所示。

05 按Ctrl+M快捷键，打开"曲线"对话框，将山体提亮，

图7-171 选取山体

图7-172 自由变换

再按Ctrl+B快捷键,打开"色彩平衡"对话框,将山体的受光部分的颜色调为暖色,如图7-173所示。

使用同样的方法制作后边的山体,最终效果如图7-174所示。

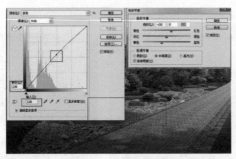
图7-173 调节色彩平衡

图7-174 最终效果

7.12 光线特效的制作

美的发现源于生活,清晨的阳光,和着薄薄的雾霭是怎样的心旷神怡。傍晚的阳光,暖暖地照射在窗台,又是怎样的温馨浪漫,在后期的处理中,往往会遇到这样的关于光的问题,怎样才能随心所欲地制作出光线呢?

7.12.1 渐变制作光线

01 按Ctrl+O快捷键,打开"渐变光线.jpg"文件,如图7-175所示。

02 按Ctrl+Shift +N快捷键,新建一个新图层,命名为"光线"。

03 选择"矩形选框工具" ▢,建立一个矩形选区,设前景色为白色,选择"渐变工具" ▣,在工具选项栏中选择"前景色到透明渐变"选项,按住Shift键,垂

图7-175 渐变光线练习

图7-176 渐变填充

直从上往下进行渐变操作,如图7-176所示。

04 按Ctrl+D快捷键,取消选择,再按Ctrl+T快捷键,进入"自由变换"状态,调整对象的角度,制作出光线成一定角度射向地面的效果,执行"滤镜" | "模糊" | "高斯模糊"命令,在弹出的"高斯模糊"对话框中,设置合适的半径值,制作出模糊效果,如图7-177所示。

05 按Ctrl+J快捷键,拷贝光线图层,调整好之间的位置和疏密关系,最终效果如图7-178所示。

图7-177 光线效果

图7-178 最终效果

7.12.2 滤镜添加光晕

第二种制作光线的方法其实大家并不陌生,主要是用到滤镜菜单下的"镜头光晕"命令。

01 按Ctrl+O快捷键,打开"光晕练习.jpg"文件,如图7-179所示。

02 新建图层，填充为黑色。

03 执行"滤镜"｜"渲染"｜"镜头光晕"命令，在弹出的"镜头光晕"对话框中设置参数，如图7-180所示。

04 单击"确定"按钮，设置图层的"混合模式"为滤色，添加光晕效果，如图7-181所示。

图7-179 光晕练习　　　　　　　　图7-180 镜头光晕　　　　　　　图7-181 添加光晕效果

> **注意**
>
> 一般情况下，镜头光晕是不会单独作为一种画面效果存在的，而是以不同的混合模式，结合日景表现光晕的效果。

7.12.3　动感模糊制作光线

第三种制作光线的方法主要是运用滤镜下的"动感模糊"命令，制作出一种线条的效果，来模拟真实场景中的光线线条，具体方法如下。

01 按Ctrl+O快捷键，打开"动感模糊练习.jpg"文件，如图7-182所示。

02 按Ctrl+J快捷键，拷贝图层，执行"滤镜"｜"模糊"｜"高斯模糊"命令，在弹出的"动感模糊"对话框中，设置参数如图7-183所示。

图7-182 动感模糊练习　　　　　　图7-183 动感模糊

03 单击"确定"按钮，更改"图层混合模式"为"强光"，也可以是其他模式，根据实际情况而定，效果如图7-184所示。

04 选择"橡皮擦工具"，擦除高光和暗调部分，最终效果如图7-185所示。

图7-184 "强光"混合模式　　　　　图7-185 最终效果

7.13　铺装的制作

铺装的制作，主要应注意铺装的比例关系、透视关系、明暗关系以及边缘的处理技巧。铺装的制作方法有两种，一种是通过定义图案，通过图案叠加制作，此种方法在制作平彩时比较多，这里主要介绍另外一种方法：直接运用铺装素材进行合成。

素材合成的方法在后期是非常常见的，它省略了素材制作的很多繁琐步骤，而且看上去更真实，贴近现实。

01 运行Photoshop CC软件，按Ctrl+O快捷键，打开“原始文件.jpg”文件，如图7-186所示。

02 按Ctrl+O快捷键，继续打开“铺装素材”文件，如图7-187所示。

03 选择“移动工具”，将其移动到当前效果图操作窗口，按Ctrl+T快捷键，进入“自由变换”状态，调整大小及透视（按Ctrl键拖动上面的两个控制点可调整透视），使铺装素材和图像中的其他配景素材比例协调，如图7-188所示。

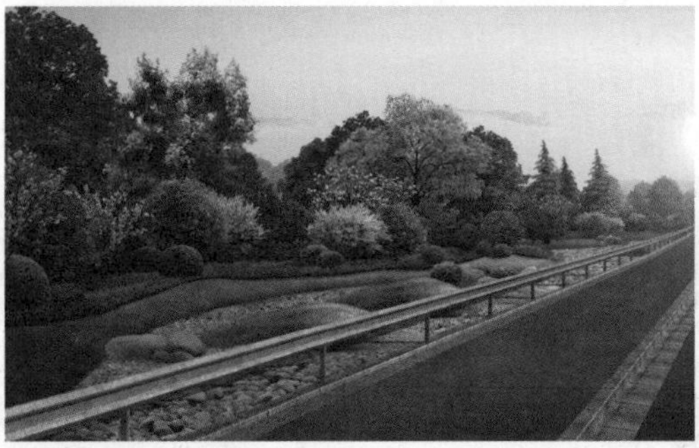

图7-186 文件素材

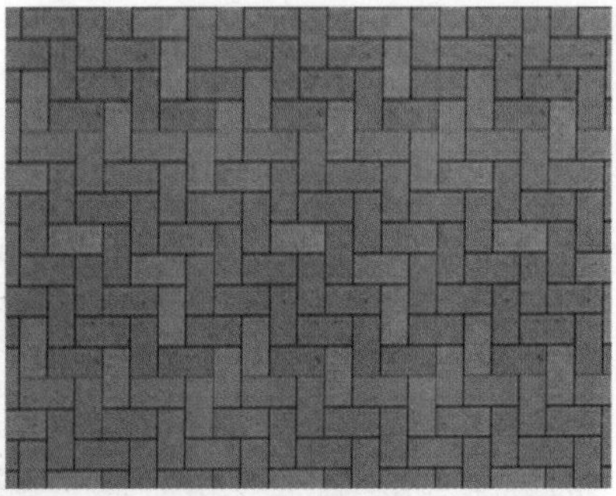

图7-187 铺装素材

04 按Ctrl+J快捷键，拷贝图层，并进行透视调整，将路面区域覆盖，最终效果如图7-189所示。

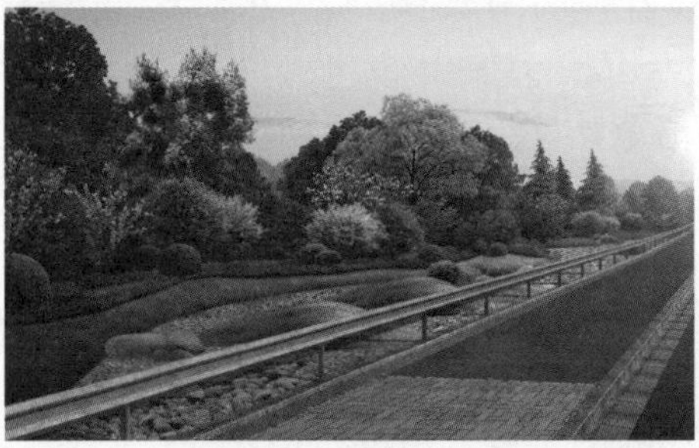

图7-188 自由变换

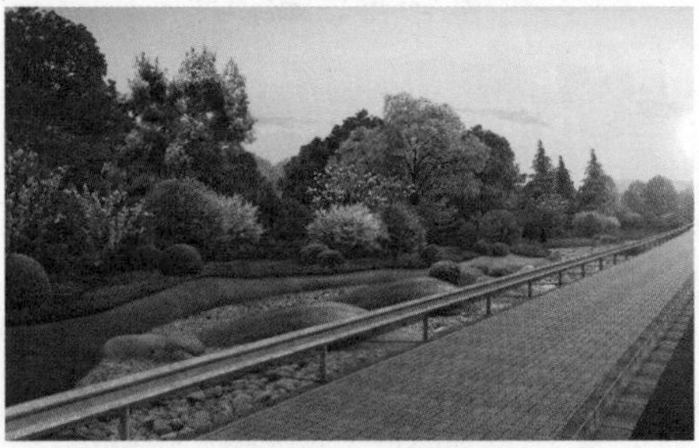

图7-189 最终效果

7.14 云雾的合成

云雾的制作常见于鸟瞰图，为了突出建筑主体或景观主体，用一层淡淡的薄雾将次要地带遮挡，将视线迁移至突出表现的地方，好的云雾效果往往可以增加效果图的艺术感染力。一般云雾的处理方法有三种，渐变、选区羽化与合成。

1. 渐变制作

01 运行Photoshop CC软件，按Ctrl+O快捷键，打开“云雾鸟瞰.jpg”文件，如图7-190所示。

02 按Ctrl+Shift+Alt+N快捷键，创建一个新图层，命名为“云雾”。

03 按住Ctrl键，单击云雾图层缩略图，将云雾图层载入选区，再选择“渐变工具”，选择“白色到透明”的渐变模式，在云雾图层进行从上到下的短距渐变，如图7-191 所示。

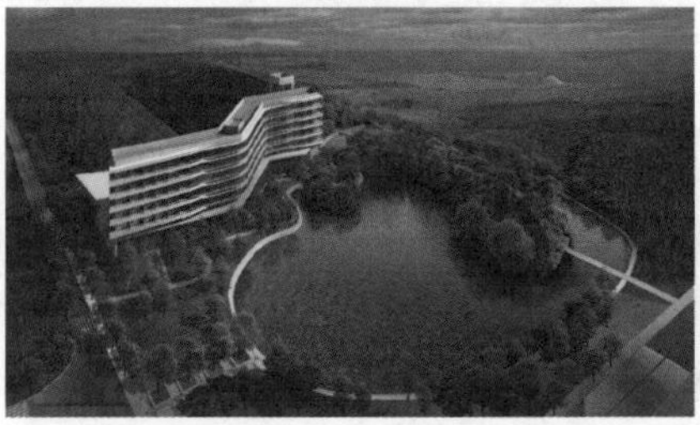

图7-190 云雾鸟瞰

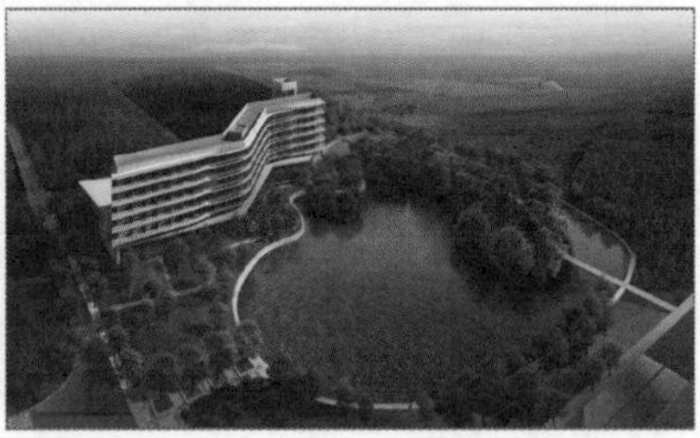

图7-191 云雾效果

04 重复上面的操作，制作另外三边和斜角上的云雾效果，如图7-192所示。

05 选择“橡皮擦工具”，擦除多余的云雾，注意橡皮擦的笔刷硬度和不透明度，最终效果如图7-193所示。

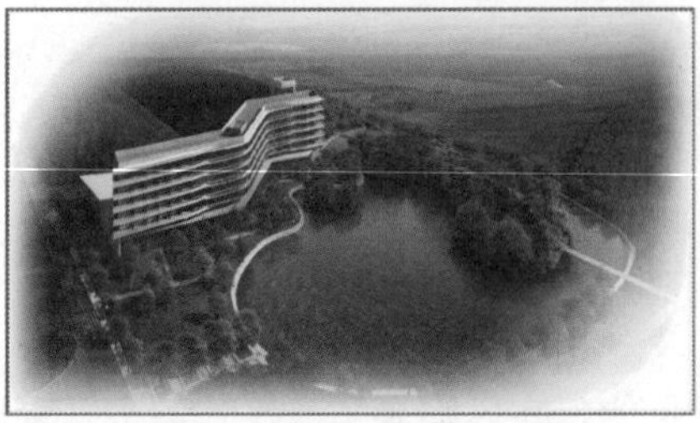

图7-192 斜角及四周的云雾效果

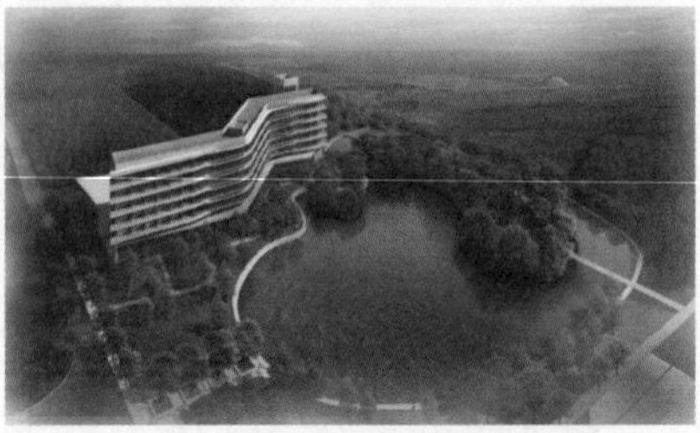

图7-193 最终效果

2. 选区羽化

01 运行Photoshop CC软件，按Ctrl+O快捷键，打开"云雾鸟瞰.jpg"文件，如图7-194所示。

02 选择"套索工具" ，将产生云雾的地方用曲线选取。

03 按Shift+F6快捷键，弹出"羽化选区"对话框，设置羽化半径值，单击"确定"按钮，如图7-195所示。

04 按Ctrl+Shift +N快捷键，新建一个图层。

图7-194 打开的文件　　　　图7-195 羽化选区

05 按Ctrl+Shift+I快捷键反选选区，设置前景色为白色，按Alt+Delete快捷键，快速填充前景色，如图7-196所示。

06 按Ctrl+D快捷键，取消选区，执行"滤镜"｜"模糊"｜"高斯模糊"命令，在弹出的"高斯模糊"对话框中，把模糊参数调到最大，如图7-197所示。

07 如果云雾欠缺可以用同样的方法，再在局部添加云朵，最后使用"橡皮擦工具" 擦除多余的部分，最终效果如图7-198所示。

图7-196 填充白色　　　　　图7-197 高斯模糊　　　　　图7-198 最终效果

3. 合成云雾

01 运行Photoshop CC软件，按Ctrl+O快捷键，打开"山峰素材.jpg"文件，如图7-199所示。给山峰加云雾效果。

02 按Ctrl+O快捷键，打开一张有云雾的图片，如图7-200所示。

03 选择"套索工具" ，将云雾部分选中，如图7-201所示。

04 选择"移动工具"

图7-199 山体素材　　　　　图7-200 云雾图片

，将选中部分移动到当前操作窗口中，按Ctrl+T快捷键，使用自由变换命令调整到所需的位置，如图7-202 所示。

05 选择"橡皮擦工具" ，将不透明度设置为20%，将边缘衔接的生硬和多余的部分擦除，使云雾和山体融合在一起，最终效果如图7-203所示。

图7-201 云雾选区

图7-202 自由变换

图7-203 调整云雾不透明度

7.15 人物配景的添加方法

在室外效果图后期处理时，适当地为场景添加人物是必不可少的，因为人物配景的大小为建筑的尺寸的体现提供了参照。添加人物配景，不仅可以烘托主体建筑、丰富画面、增加场景的透视感与空间感，还使画面更加贴近生活，具有生活气息。下面以一个具体的实例介绍人物添加的方法和注意事项，添加前后对比效果图如图 7-204所示。

添加人物前

添加人物后

图 7-204 添加人物素材前后的效果图对比

在添加人物配景时，需要注意以下几点。

◎ 所添加的人物形象和数量要与建筑的风格相协调。

◎ 人物与建筑的透视关系及比例关系要一致。

◎ 人物的阴影要与建筑的阴影一致，要有透明感。

1．建立视平参考线

在添加人物配景之前，首先应该确定场景视平线的位置，建立参考线以方便调整人物的大小高度，确定人物高度在透视里保持统一。

确定场景视平线的高度有很多方法，比较常用的方法是在场景中选定一个参考物，然后以该参考物为依据创建视平线，例如建筑的窗台高度一般为1.0～1.8m，而视平线在1.65m左右，如图7-205所示，在窗台稍高的位置创建一条水平参考线，即得到视平线。

图7-205 根据参考物确定的视平参考线

2．添加人物并调整大小

在建立了视平线后，就可以添加人物图像了。在添加之前，应根据建筑的出入口位置和道路的方向确定人物的流向，从而使人物整齐有序。

01 按Ctrl+O快捷键，打开"人物素材.psd"文件，如图7-206 所示。

02 首先添加近处的人物，将白色上衣的人物图像添加至场景的左下角，按Ctrl+T快捷键调整人物的大小，对齐视平参考线，如图7-207 所示。

图7-206 人物素材   图7-207 添加并调节人物大小

注 意

近景的人物不能在画面的中间出现，否则会削弱中心，干扰视线。

03 继续添加人物，如图7-208所示，注意人物的走向及透视关系。

图7-208 添加其他的人物   图7-209 调整人物的方向

提 示

对于需要调整方向的人物，可以按Ctrl+T快捷键开启"自由变换"，单击鼠标右键，打开如图7-209所示的变换菜单，从中选择"水平翻转"命令，调整人物的走向。

3. 调整亮度和颜色

对于刚放进来的人物素材，应进行亮度与颜色的调整，使整个场景和谐统一。

01 按住Shift键的同时选中四个人物图层，按Ctrl+G快捷键编组，选择组1，创建"曲线"调整图层，降低人物的亮度，并单击底部的"此调整剪切此图层"按钮，参数如图7-210所示。

02 创建"色彩平衡"调整图层，设置参数，使人物呈现暖色调，如图7-211所示。

图7-210 降低人物亮度   图7-211 添加人物暖色调

4. 制作阴影和倒影

为人物添加阴影，可使人物与地面自然融合，否则添加的人物会有漂浮在空中的感觉。

01 选择人物图层，按Ctrl+J快捷键拷贝出一个图层，将拷贝的图层放置在人物图层的下方，按Ctrl+T快捷键，开启"自由变换"状态，调整到需要的形状，如图7-212所示。

02 按Ctrl+U快捷键，打开"色相/饱和度"对话框，将明度滑块和饱和度滑块移动至滑杆左端，将明度、饱和度降至最低，如图7-213所示。

03 此时人物的阴影轮廓过于清晰，需要进行模糊处理。执行"滤镜" | "模糊" | "高斯模糊"命令，打开"高斯模糊"对话框，在其中设置参数，对阴影进行轻微的模糊处理，如图7-214所示。

04 人物阴影应具有一定的透明度，设置"不透明度"为70％，效果如图7-215所示。

05 使用同样的方法为其他人物做出阴影。

图7-212 拷贝图层并变换

图7-213 调整至黑色

图7-214 高斯模糊处理

图7-215 降低图层不透明度

5. 添加动感模糊效果

对于近景人物素材应添加运动模糊效果，或降低图层的不透明度，以避免分散观察者对建筑物的注意力。

01 选择"近景人物"所在图层为当前图层，执行"滤镜" | "模糊" | "动感模糊"命令，打开"动感模糊"对话框，设置模糊参数，如图7-216所示，最后完成人物配景的添加。

02 可以使用同样的方法为近景的其他人物、植物以及车辆制作出动感效果。

图7-216 动感模糊处理

6. 人物添加的注意事项

（1）正确调整人物的大小

错误的人物尺度可能会使小型建筑物看起来很高大，相反也可能会导致大规模的建筑物看起来很矮小，从而失去人物对建筑尺度参考的作用。

有的广告图像中，为了使小建筑看起来高大，常把人物、树木、背景建筑物等缩小。

（2）调整正确的人物方向

尽量避免添加与计划中人物走向不符的人物，这样会使效果图显得极不自然。

（3）不要遮挡观察者的视线

人物不要放在太显眼的地方，以免遮挡观察者的视线，也不要使用太显眼的人物素材，以免分散观察者的注意力。

（4）使用符合建筑物用途的人物素材

在办公楼前使用穿正装的人物，学校建筑前使用学生人物素材，居民设施前使用温馨的家庭人物素材，如图7-217所示。

图7-217 居民建筑使用的人物素材

此外，人物素材也要符合建筑物的区域和特色，比如欧洲的建筑使用欧洲人物素材，如图7-218所示。办公楼建筑应使用正装人物素材，如图7-219所示。

图7-218 欧洲建筑使用的人物素材

图7-219 办公建筑使用正装人物素材

还要根据天气的不同而改变添加的人物素材，如图7-220所示。

图7-220 雪景和雨景使用的人物素材

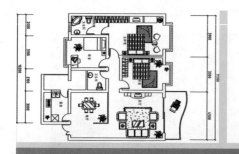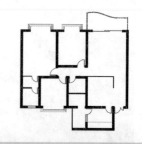

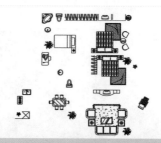

08 Chapter

三居室彩色户型图制作

　　户型图是房地产开发商向购房者展示楼盘户型结构的重要手段。随着房地产开发业的飞速发展，对户型图的要求也越来越高，真实的材质和家具模块被应用到户型图中，从而使购房者一目了然。

　　户型图的制作流程如下。

　　◎ 整理CAD图样内的线。除了最终文件中需要的线，其他的线和图形都要删除。

　　◎ 使用已经定义的绘图仪类型将CAD图样输出为EPS文件。

　　◎ 在Photoshop CC中导入EPS文件。

　　◎ 填充墙体区域。

　　◎ 填充地面区域。

　　◎ 添加室内家具模块。

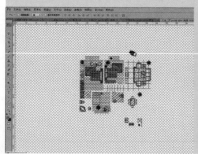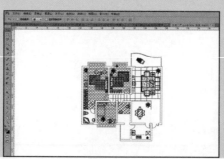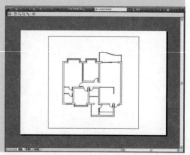

8.1 从AutoCAD中输出EPS文件

户型图一般都是使用AutoCAD设计的，要使用Photoshop CC对户型图进行上色和处理，必须从AutoCAD中将户型图导出为Photoshop CC可以识别的格式，这是制作彩色户型图的第一步，也是非常关键的一步。

8.1.1 添加EPS打印机

从AutoCAD导出图形文件至Photoshop中的方法较多，可以打印输出TIF、BMP、JPG等位图图像，也可以输出为EPS等矢量图形。

这里介绍输出EPS的方法，因为EPS是矢量图像格式，文件占用空间小，而且可以根据需要自由设置最后出图的分辨率，以满足不同精度的出图要求。

将CAD图形转换为EPS文件，首先必须安装EPS打印机，方法如下。

01 启动AutoCAD，打开"户型平面图.dwg"文件，如图8-1所示。

02 在AutoCAD中执行"文件" | "绘图仪管理器"命令，打开Plotters文件夹窗口，如图8-2所示，该窗口用于添加和配置绘图仪和打印机。

03 双击"添加绘图仪向导"图标，打开添加绘图仪

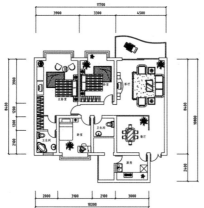
图8-1 打开AutoCAD图形文件

图8-2 Plotters文件夹窗口

向导，首先出现的是简介页面，如图8-3所示，对添加绘图仪向导的功能进行了简单介绍，单击"下一步"按钮。

04 在打开的"添加绘图仪—开始"对话框中选择"我的电脑"单选按钮，如图8-4所示，单击"下一步"按钮。

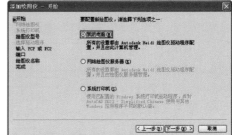

05 选择绘图仪的型号，这里选择"Adobe"公司的"PostScript Level 2"虚拟打印机，如图8-5所示，单击"下一步"按钮。

图8-3 添加绘图仪—简介   图8-4 添加绘图仪—开始

06 在弹出的"添加绘图仪—输入PCP或PC2"对话框中单击"下一步"按钮，如图8-6所示。

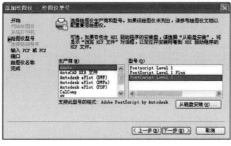

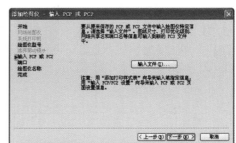

图8-5 添加绘图仪—绘图仪型号   图8-6 添加绘图仪—输入PCP或PC2

07 选择绘图仪的打印端口，这里选择"打印到文件"方式，如图8-7所示。

08 绘图仪添加完成，输入绘图仪的名称以区别于AutoCAD的其他绘图仪，如图8-8所示，单击"下一步"按钮。

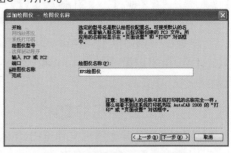

图8-7 添加绘图仪—端口

图8-8 添加绘图仪—绘图仪名称

09 最后单击"完成"按钮，结束绘图仪添加向导，完成EPS绘图仪的添加，如图8-9所示。

10 添加的绘图仪显示在Plotters文件夹窗口中，如图8-10所示。这是一个以pc3为扩展名的绘图仪配置文件，在"打印"对话框中，可以选择该绘图仪作为打印输出设备。

图8-9 添加绘图仪—完成

图8-10 生成绘图仪配置文件

8.1.2 打印输出EPS文件

为了方便Photoshop CC选择和填充，在AutoCAD中导出EPS文件时，一般将墙体、填充、家具和文字分别进行导出，然后在Photoshop CC中合成。

1. 打印输出墙体图形

打印输出墙体图形时，图形中只需保留墙体、门、窗图形即可。其他图形可以通过关闭图层方法隐藏显示，如轴线、文字标注等。

为了方便在Photoshop CC中对齐单独输出的墙体、填充和文字等图形，需要在AutoCAD中绘制一个矩形，确定打印输出的范围，以确保打印输出的图形大小相同。

01 切换"地面"图层为当前图层，在命令行中输入REC"矩形"命令，绘制一个比平面布置图略大的矩形，如图8-11所示，以确定打印的范围。

02 关闭"地面"、"尺寸标注"、"文字"等图层，仅显示"0"、"墙体"、"图层1"、"门"、"窗"图层，如图8-12所示。

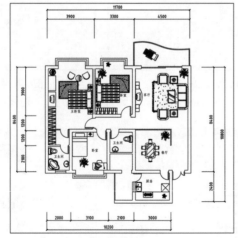

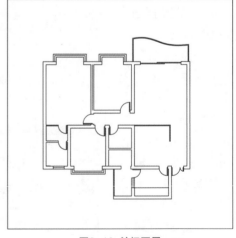

图8-11 绘制矩形

图8-12 关闭图层

03 执行"文件" | "打印"命令，打开"打印"对话框，在"打印机/绘图仪"下拉列表框中，选择前面添加的"EPS绘图仪.pc3"作为输出设备，如图8-13所示的步骤1。

04 选择"ISO A3(420.00×297.00毫米)"图纸作为打印图纸，如图8-13所示的步骤2。

05 在"打印范围"列表框中选择"窗口"方式，以便手工指定打印区域，如图8-13所示步骤3。

06 在"打印偏移"选项组中选择"居中打印"选项，使图形打印在图纸的中间位置，如图8-13所示步骤4。

07 选择"打印比例"选项组的"布满图纸"选项，使AutoCAD自动调整打印比例，使图形布满整个A3图纸，如图8-13所示步骤5。

08 在"打印样式表"下拉列表框中选择Grayscale.ctb颜色打印样式表，如图8-13所示步骤6。并在弹出的"问题"对话框中单击"是"按钮。monochrome.ctb样式表将所有颜色的图形打印为黑色，在Photoshop CC中将得到黑色的线条，使图形轮廓清晰。

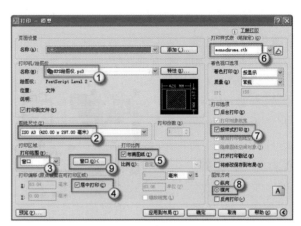

图8-13 "打印"对话框

09 在"打印选项"列表框中选择"按样式打印"选项，使选择的打印样式表生效。

10 指定打印样式表后，可以单击右侧的"编辑按钮" ，打开"打印样式表编辑器"对话框，对每一种颜色图形的打印效果进行设置，包括颜色、线宽等，如图8-14所示，这里使用默认设置。

11 在"图形方向"选项组中选中"横向"选项，使图纸横向方向打印。

12 单击"打印区域"选项组中的"窗口"按钮，在绘图窗口分别捕捉矩形的两个对角点，指定该矩形区域为打印区域。

13 指定打印区域后，系统自动返回"打印"对话框，单击左下角的"预览"按钮，可以在打印之前预览最终的打印效果，如图8-15所示。

14 如果在打印预览中没有发现什么问题，即可单击 按钮开始打印，系统自动弹出"浏览打印文件"对话框，选择"封装PS(*.eps)"文件类型并指定文件名，如图8-16所示。

图8-14 指定对象线宽

图8-15 预览打印效果

图8-16 保存打印文件

15 单击"保存"按钮,即开始打印输出,并出现如图8-17所示的打印进度对话框,墙体图形打印输出完成。

图8-17 "打印作业进度"对话框

2. 打印家具图形

01 关闭"墙体"、"窗"、"门"等图层,重新打开"家具"图层,仅显示家具图形,如图8-18所示。

02 按Ctrl+P快捷键,再次打开"打印"对话框,保持原来的参数不变,单击"确定"按钮开始打印,打印文件保存为"户型图-家具"文件,如图8-19所示。

图8-18 仅显示家具图形

图8-19 保存文件

3. 打印输出地面图形

使用同样的方法控制图层的开/关,使图形显示如图8-20所示。按Ctrl+P快捷键,打印输出"户型图"文件。

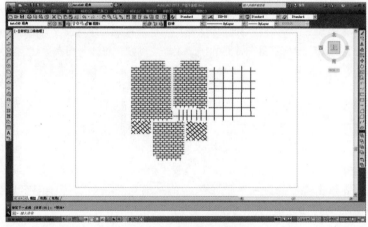

图8-20 仅显示地面图形

4. 打印输出文字、标注图形

使用同样的方法打印输出文件标识、尺寸标注图形,图层设置如图8-21所示。AutoCAD图形全部打印输出完毕。

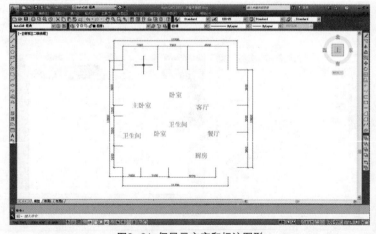

图8-21 仅显示文字和标注图形

8.2 室内框架的制作

　　墙体是分隔室内空间的主体，它将室内空间划分为客厅、餐厅、厨房、卧室、卫生间、书房等空间、功能相对独立的封闭区域。使用"魔棒工具" 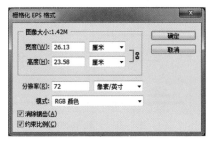 将各面墙体选择出来，并填充相应的颜色，室内各空间即变得清晰而明朗。

8.2.1 打开并合并EPS文件

　　EPS文件是矢量图形，在着色户型图之前，需要将矢量图形栅格化为Photoshop CC可以处理的位图图像，图像的大小和分辨率可根据实际需要灵活控制。

　　◎ 宽度、高度和分辨率参数设置得越高，栅格化所得的图像就会越大。

1. 打开并调整墙体线

01 运行Photoshop CC，按Ctrl+O快捷键，打开"户型图_墙体.eps"文件，单击"打开"按钮。

02 系统弹出"栅格化EPS格式"对话框，设置转换矢量图形为位图图像的参数，根据户型图打印输出的目的和大小，设置相应的参数，如图8-22所示。

图8-22 设置栅格化EPS参数

03 栅格化EPS后，得到一个背景为透明的位图图像，如图8-23所示。

　　◎ 如果将AutoCAD图形打印输出为TIF、BMP等位图格式，会得到白色的背景，在制作户型图时，首先要使用选择工具将白色背景与户型图进行分离。

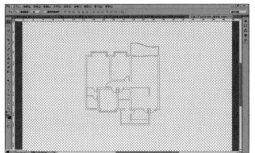

图8-23 栅格化EPS文件结果

04 透明背景的网格显示不便于图像查看和编辑，按Ctrl键单击图层面板中的"创建新图层"按钮 ，在"图层1"下方新建"图层2"图层。设置背景色为白色，按Ctrl+Delete快捷键进行填充，得到白色背景，如图8-24所示。

　　◎ 默认情况下，新建图层会置于当前图层的上方，并自动

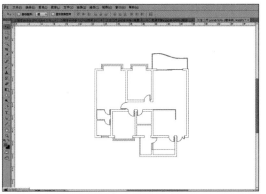

图8-24 新建图层并填充白色

成为当前图层。按住Ctrl键单击"创建新图层"按钮 ，则在当前图层的下方创建新图层。

05 选择"图层2"为当前图层，执行"图层" | "新建" | "图层背景"命令，将"图层2"转换为背景图层。背景图层不能移动，可以方便图层的选择和操作。

06 填充白色背景后，会发现有些细线条颜色较淡，不够清晰，需要进行调整。选择"图层1"为当前图

层，按Ctrl+U快捷键，打开"色相/饱和度"对话框，将明度滑块移动至左侧，调整线条颜色为黑色，如图8-25所示。

07 将"图层1"重命名为"墙体线"图层，单击"图层面板" 按钮，锁定"墙体线"图层，如图8-26所示，以避免图层被误编辑和破坏。

◎ 除了颜色调整的方法外，也可以使用添加"颜色叠加"图层样式(如图8-27所示)和填充的方法(填充时应按下图层面板中的" "按钮，锁定透明像素)，将线条调整为黑色。

08 选择"文件" | "存储为"命令，将图像文件保存为"彩色户型图.psd"。

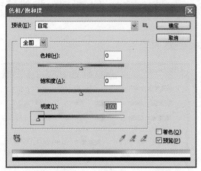

图8-25 调整图像亮度　　　　图8-26 锁定图层位置　　　　图8-27 颜色叠加参数设置

2. 合并家具和地面EPS图像

01 按Ctrl+O快捷键，打开"户型图_家具.eps"文件，使用相同的参数(如图8-22所示)进行栅格化，得到家具图形，如图8-28所示。

02 选择"移动工具" ，拖动家具图形至墙体线图像窗口，墙体与家具地面图形自动对齐，重命名为"家具"。

03 使用同样的方法栅格化"户型图_地面.eps"文件，将其拖动拷贝到户型图图像窗口，重命名为"地面"图层，此时图层面板和图像窗口如图8-29所示。

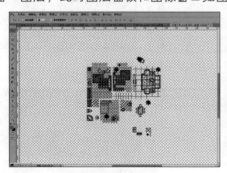

图8-28 家具和地面图形　　　　　　图8-29 调入家具和地面图形

8.2.2　墙体的制作

01 按Ctrl+Shift+N快捷键，新建"墙体"图层，如图8-30所示。选择"墙体"图层为当前图层。

02 选择"魔棒工具" ，在工具选项栏中设置参数，如图8-31所示。选中"对所有图层取样"复选框，以便在所有可见图层中应用颜色选择，避免反复在"墙体"和"墙体线"图层之间切换。

图8-30 新建墙体图层

图8-31 设置魔棒工具参数

03 在墙体线之间的空白区域内单击鼠标，选择墙体区域，相邻的墙体可以按住Shift键后一起选择，如图8-32所示。

04 按D键恢复前/背景色为默认的黑/白颜色，按Alt+Delete快捷键填充黑色，如图8-33所示。

05 使用相同的方法，完成其他墙体的填充，如图8-34所示。

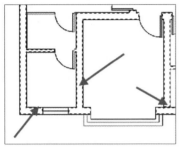

图8-32 选择墙体区域

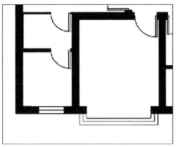

图8-33 填充墙体

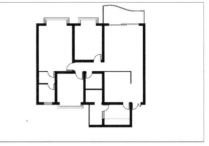

图8-34 完成墙体的填充

8.2.3 窗户的制作

户型图中的窗户一般使用青色填充表示。

01 新建"窗户"图层，并设置为当前图层，设置窗户色为"#3cc9d6"。

02 按Shift+G快捷键，切换至"油漆桶工具" 🪣，在工具选项栏中选择"所有图层"复选框。

03 移动光标至墙体窗框位置，在窗框线之间的空白区域单击鼠标，填充前景色，如图8-35所示，这样油漆桶工具能够将填充范围限制在窗框线之间的空白区域。

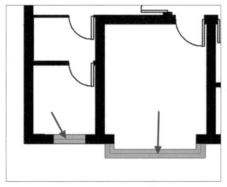

图8-35 图层窗户

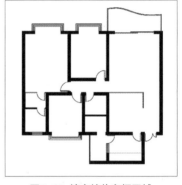

图8-36 填充墙体窗框区域

04 使用同样的方法填充其他窗框区域，如图8-36所示，完成户型图窗户的制作。

8.3 地面的制作

为了更好地表现整个户型的布局和各功能区的划分，准确地填充地面就显得非常必要。在填充地面时应注意两点，一是选择地面要准确，对于封闭区域可使用"魔棒工具" 🪄，未封闭区域则可以先绘制线条封闭，或结合"矩形选框工具" ⬚ 和"多边形套索工具" ⬠；二是使用的填充材质要准确，比如卧室一般都使用木地板材质，以突出温馨、浪漫的气氛，而不宜使用色调较冷的大理石材质。在填充各个地面时，应使整体色调协调。

在制作地面图案时，这里推荐使用图层样式的图案叠加效果，因为该方法可以随意调节图案的缩放比例，而且可以方便地在各个图层之间复制。除此之外，还可以将样式以单独的文件进行保存，以备将来调用。

8.3.1 创建客厅地面

1. 创建客厅地面图层图案

客厅地面一般铺设"800×800"或"600×600"的地砖，为了配合整体效果，这里只创建接缝图案，并填充一种地砖颜色。

01 选择"地面"图层为当前图层,选择"直线工具" ,设置参数如图8-37所示。

图8-37 直线工具参数设置

02 暂时隐藏"墙体和家具"图层,设置前景色为黑色,沿客厅地砖分隔线绘制两条直线,如图8-38所示。

03 选择"矩形选框工具" ，选择客厅地面的一块地砖选区,填充为黑色,如图8-39所示。

04 单击图层面板中的"背景"图层左侧的眼睛图标,隐藏白色背景。

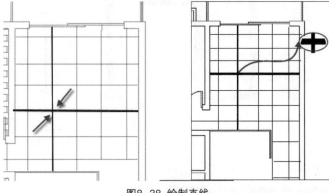

图8-38 绘制直线

图8-39 创建矩形选区

05 打开图案文件,执行"编辑"|"定义图案"命令,创建名称为"800×800地砖线"的图案,如图8-40所示。地砖图案创建完成。

图8-40 创建地砖分隔线图案

2. 封闭客厅空间

01 为了便于选择各个室内区域,暂时隐藏"地面和家具"图层,如图8-41所示。

02 客厅位于户型图的右侧,选择"魔棒工具" ，移动光标至客厅区域单击鼠标,会发现左侧的餐厅区域也会被同时选择,这是由于客厅区域未能完全封闭,如图8-42所示。

03 新建"封闭线"图层,选择"直线工具" ，在缺口区绘制一条封闭线,如图8-43所示。

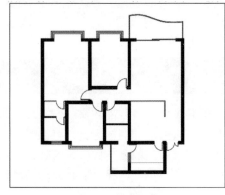

图8-41 隐藏图层

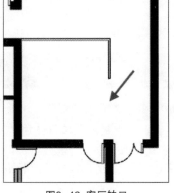

图8-42 客厅缺口

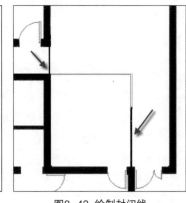

图8-43 绘制封闭线

3. 创建客厅地面

01 再次选择"魔棒工具" ，在客厅位置单击鼠标,创建客厅区域选区。

02 新建"客厅地面"图层,移至墙体图层的下方,设置前景色为"#f0f7bd",按Alt +Delete快捷键填充前景色,得到如图8-44所示的效果。

03 执行"图层"|"图层样式"|"图案叠加"命令,打开"图层样式"对话框,在"图案"列表框中选择前面自定义的"800×800地砖线"图案,设置缩放为100%,如图8-45所示。

◎ 在设置图案叠加参数时,可以在图像窗口中拖动鼠标,调整填充图案的位置,缩放滑动按钮可以调节图层图案的比例大小。

04 添加图案叠加图层样式的效果如图8-46所示，客厅地面制作完成。

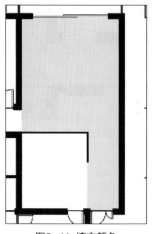

图8-44 填充颜色

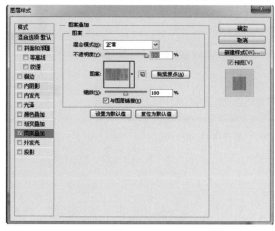

图8-45 图案叠加参数设置

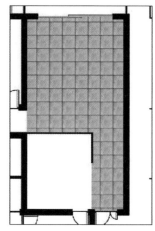

图8-46 添加图案叠加效果

8.3.2 创建餐厅地面

01 显示"封闭线"图层并设置为当前图层，选择"直线工具" 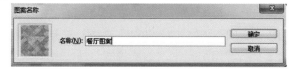，在各门口和过道、餐厅的分界区域绘制分隔线，如图8-47所示。

02 选择"魔棒工具"，在餐厅位置单击鼠标，选择餐厅区域。

03 打开图案文件，执行"编辑"｜"定义图案"命令，创建餐厅图案，如图8-48所示。

04 新建"餐厅地面"图层，设置图层前景色为"#d7e4a9"，按Alt + Delete快捷键填充前景色，如图8-49所示。

05 执行"图层"｜"图层样式"｜"图案叠加"命令，打开"图层样式"对话框，在"图案"列表框中选择前面自定义的餐厅图案，设置缩放为100%，如图8-50所示。

图8-48 自定义图案

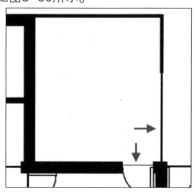

图8-47 绘制封闭线

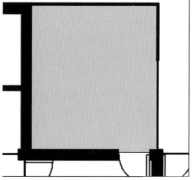

图8-49 填充颜色

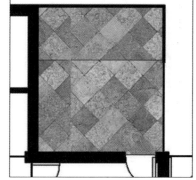

图8-50 填充图案

8.3.3 创建过道地面

过道地面为大理石拼花，这里重点介绍地面拼花图案的制作方法。

01 新建"过道地面"图层，选择"油漆桶工具"，并为"过道地面"图层填充颜色，如图8-51所示。

02 打开图案文件，执行"编辑"｜"定义图案"命令，创建过道图案，如图8-52所示。

03 执行"图层"｜"图层样式"｜"图案叠加"命令，

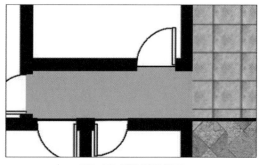

图8-51 填充过道地面

打开"图层样式"对话框，在"图案"列表框中选择前面自定义的餐厅图案，设置缩放为100%，如图8-53所示。

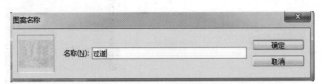

图8-52 自定义图案

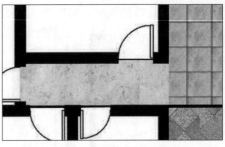

图8-53 填充过道图案

8.3.4 创建卧室地面

1. 自定义地板图案

01 显示"地面"图层并设置为当前图层，放大显示卧室木地板区域，隐藏"背景"图层。

02 执行"编辑"｜"定义图案"命令，打开"图案名称"对话框，输入新图案的名称，如图8-54所示，单击"确定"按钮关闭对话框。

03 木地板图案创建完成。

图8-54 定义图案

2. 制作木地板地面

01 新建"卧室地面"图层，重新显示"背景"图层。

02 选择工具箱中的"油漆桶工具" ，确认工具选项栏中的"所有图层"复选框已经勾选。

03 设置前景色为"#ac752f"，移动光标在主卧室、卧室区域单击鼠标，设置图层颜色如图8-55所示。

04 执行"图层"｜"图层样式"｜"图案叠加"命令，打开"图层样式"对话框，选择前面创建的"木地板"图案为叠加图案，如图8-56所示，单击"贴紧原点"按钮调整图案的位置。

05 添加图案叠加图层样式的效果如图8-57所示，木地板地面创建完成。

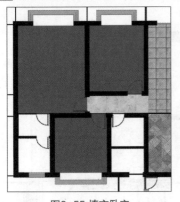

图8-55 填充卧室

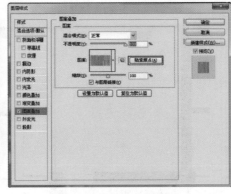

图8-56 设置图层叠加参数

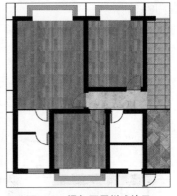

图8-57 添加图层样式效果

8.3.5 创建卫生间地面

这里介绍使用纹理图像创建地面图案的方法。

1. 定义地砖图案

按Ctrl+O快捷键，打开"地砖.jpg"图案，如图8-58所示。

2. 创建卫生间地面

01 新建"卫生间地面"图层，使用"油漆桶工具" ，分别填充主卫和客卫地面区域，如图8-59所示。

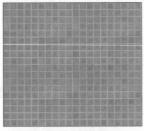

图8-58 打开地砖图像

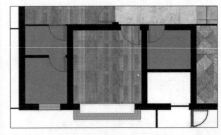

图8-59 填充卫生间地面

02 执行"图层" | "图层样式" | "图案叠加"命令，打开"图层样式"对话框，选择前面自定义的"卫生间地砖"图案，设置"缩放"比例为35%，如图8-60所示。

03 添加的卫生间地砖图案效果如图8-61所示。

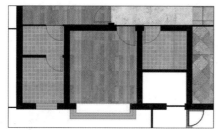

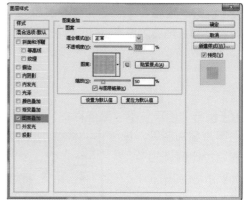

图8-61 卫生间地砖图案效果   图8-60 图案叠加参数设置

8.3.6 创建厨房地面

厨房地面一般为"600×600"的地砖，这里选择与餐厅地面一样的图案来创建厨房地面，如图8-62所示。

01 新建"厨房地面"图层，选择"油漆桶工具" [图标]，填充 "#76a653"颜色，如图8-63所示。

02 选择工具箱中的"魔棒工具" [图标]，在厨房位置单击鼠标，选择餐厅区域。

03 执行"图层" | "图层样式" | "图案叠加"命令，打开"图层样式"对话框，在"图案"列表框中选择前面自定义的餐厅图案，设置缩放为100%，如图8-64所示。

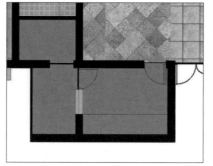

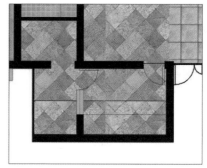

图8-62 厨房地砖图案   图8-63 填充厨房   图8-64 填充图案

8.3.7 创建露台地面

露台一般是指住宅中的屋顶平台或由于建筑结构需求而在其他楼层中做出的大阳台，由于它面积一般较大，上边又没有屋顶，所以称作露台。

该住宅有一个露台，这里介绍使用图层编组的方法制作地砖图案。

01 新建"露台"图层，选择"油漆桶工具" [图标]，在区域内填充任一种颜色，如图8-65所示。

02 首先定义地面图案，按Ctrl+O快捷键，打开一张地砖纹理图像"图案5.jpg"，如图8-66所示。

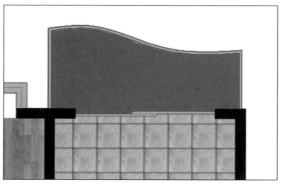

图8-65 填充阳台地面   图8-66 打开地砖纹理图像

03 执行"编辑"|"定义图案"命令，
创建"露台地砖"图案，如图8-67所示。

图8-67 "图案名称"对话框

04 执行"图层"|"图层样式"|"图层叠加"命令，打开"图层样式"对话框，选择"露台地砖"
图案为叠加图层，设
置缩放比例为50%，
如图8-68所示。

05 制作完成的露台
地面效果如图8-69
所示。

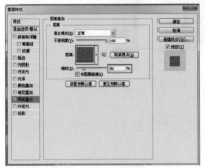

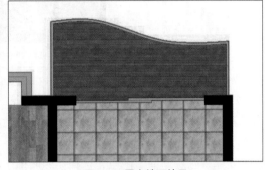

图8-68 图案叠加参数设置　　　　　　　　　　图8-69 露台地面效果

8.3.8　创建大理石窗台

为了开阔视野、增加空间感和采光，现代住宅大都采用了大面积的飘窗，飘窗窗台铺设大理
石材料。

01 新建"窗台"图层，选择如图8-70所示的窗台区域并填充颜色
"#f4cf82"。

02 执行"图层"|"图层样式"|"颜色叠加"命令，打开"图
层样式"对话框，设置叠加颜色为
"#ffbe69"，混合模式为"正片叠
底"，如图8-71所示。

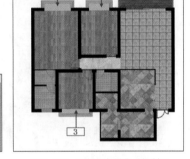

图8-71 颜色叠加参数设置　　　　图8-70 "图案名称"对话框

03 继续选中"图案叠加"复选框，选择"大理石"图案，设置不透明度为50%，如图8-72所示。

04 选中"描边"复选框，设置描边参数如图8-73所示，描边颜色设置为黑色，大小为1像素，位置为
"内部"。

05 拖动"地面"图层至图层面板中的"创建新图层"按钮 🔲，拷贝得到"地面 拷贝"图层。调整图
层的叠放次序，将"地面 拷贝"图层移动至"窗台"图层的上方，为窗台添加大理石纹理效果，如图
8-74所示。窗台台面创建完成。

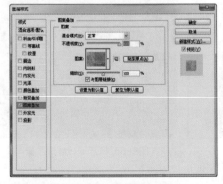

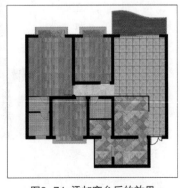

图8-72 图案叠加参数设置　　　　图8-73 描边参数设置　　　　图8-74 添加窗台后的效果

8.4 室内模块的制作和引用

在现代户型图制作中，为了更生动、形象地表现、区分各个室内空间，以反映将来的装修效果，需要引入与实际生活密切相关的家具模块和装饰。

8.4.1 制作客厅家具

客厅内常见的室内家具有沙发、茶几、电视、电视柜、台灯、地毯等。在制作家具图形之前，首先要显示出"家具"图层，以帮助定位家具位置和确定家具的尺寸大小。

1. 制作电视柜及电器

01 单击"家具"图层左侧的眼睛图标，在图像窗口中显示家具图形如图8-75所示。

02 显示"家具"图层并设置为当前图层，选择"魔棒工具" 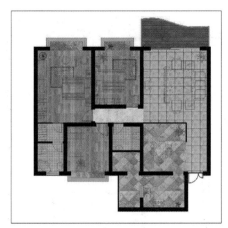，取消工具选项栏中"对所有图层取样"复选框的勾选，在电视柜区域单击鼠标创建如图8-76所示的选区。

03 打开"电视机.jpg"素材文件，按Ctrl+A快捷键全选对象，按Ctrl+C快捷键复制图像，如图8-77所示。

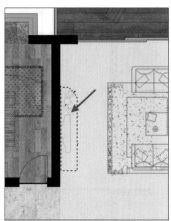

图8-75 显示家具图形　　　　图8-76 建立选区

04 按Ctrl+Tab快捷键切换窗口，按Ctrl+V快捷键粘贴电视机到"家具"图层的电视机位置上，如图8-78所示。

05 在"电视机"素材图层上单击鼠标右键，选择"混合选项"选项，弹出"图层样式"对话框，设置其参数如图8-79所示。

06 选中"投影"复选框，为电视柜添加投影效果，单击"确定"按钮关闭"图层样式"对话框。

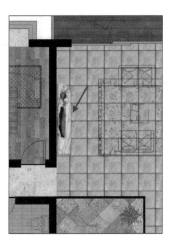
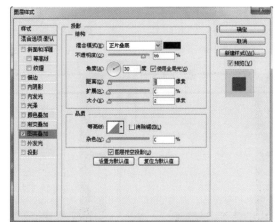

图8-77 电视机素材　　　　图8-78 移动素材　　　　图8-79 设置混合选项参数

2. 调入沙发模块

客厅沙发和地毯直接调用制作好的家具模块。

01 按Ctrl+O快捷键，打开"沙发.png"素材，如图8-80所示。

02 选择"移动工具" ，拖动沙发至户型图窗口中，并移动至客厅沙发位置，如图8-81所示。

03 打开"坐姿人物.png"素材，添加至沙发的上方，如图8-82所示。

04 执行"图层" | "图层样式" | "投影"命令，为客厅沙发添加投影效果，如图8-83所示。

图8-80 打开沙发文件

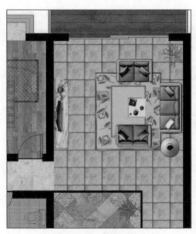

图8-81 调整位置

图8-82 添加人物模块

图8-83 添加投影

8.4.2 制作餐厅家具

餐厅家具为六座餐桌，由玻璃桌面和座椅组成，下面介绍餐厅家具的制作方法。

01 新建"餐厅玻璃"图层，选择餐厅玻璃区域并填充蓝色到白色渐变，最后添加"投影"图层样式，即得到餐厅玻璃效果，如图8-84所示。

02 显示"家具"图层并设置为当前图层，选择"魔棒工具" ，确认"对所有图层取样"复选框处于未勾选状态，按Shift键在餐厅椅子的坐垫位置单击鼠标，选择所有坐垫区域，如图8-85所示。

03 新建"餐椅坐垫"图层，按Alt+Delete快捷键或Ctrl+Delete快捷键，在选区内填充任意颜色。制作木纹定义图案，执行"图层" | "图层样式" | "图案叠加"命令，在图案列表中选择"木纹"图案，参数设置如图8-86所示。

图8-84 制作餐厅家具

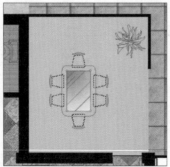

图8-85 添加投影

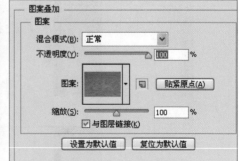

图8-86 图案叠加参数设置

04 继续选择"投影"复选框，为图层添加投影图层样式，制作得到如图8-87所示的坐垫效果。

05 再次选择"家具"图层为当前图层，选择"魔棒工具" ，选择餐椅靠背区域，如图8-88所示。

06 设置背景色为"#421c17",按Ctrl+Delete快捷键填充选区。执行"图层"丨"图层样式"丨"投影"命令,为当前图层添加投影效果,餐桌模块制作完成,如图8-89所示。

 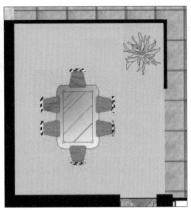 

图8-87 添加图层样式效果　　　　图8-88 选择靠背区域　　　　图8-89 添加图层样式效果

8.4.3　制作厨房家具

厨房家具由厨柜台面、煤气灶、洗菜盆等组成,制作此类家具主要使用了渐变、填充等工具。

1.　制作橱柜台面

01 放大显示户型图的厨房区域,选择"矩形选框工具"[⬚],选择橱柜台如图8-90所示。

02 新建"橱柜台面"图层。设置前景色为"#cdffc2",按Alt+Delete快捷键填充选区,得到如图8-91所示的柜橱台面效果。

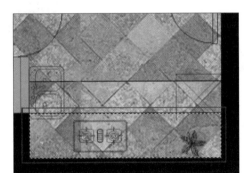 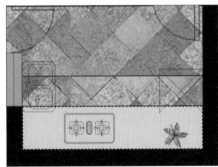

图8-90 选择台面区域　　　　图8-91 填充选区

03 双击"橱柜台面"图层,打开"图层样式"对话框,选择"花岗岩"图案作为叠加图案,设置缩放为50%,其他参数设置如图8-92所示。

04 选中"图层样式"对话框中的"投影"复选框,为台面添加投影图层效果,制作完成的台面效果如图8-93所示。

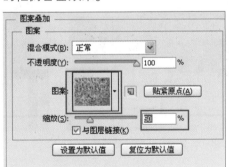 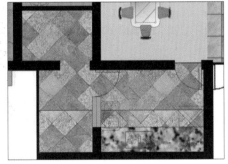

图8-92 图案叠加参数设置　　　　图8-93 添加图层样式效果

2.　添加燃气灶、水池等家具

燃气灶、洗菜池等家具可以直接从素材库中添加。

01 由于此燃气灶模块不是在CAD图形基础上着色制作的,因此与"家具"图层的CAD线框不能完全吻合。显示"家具"图层并设置为当前图层,单击图层面板底部的"添加图层蒙版"按钮[⬛],选择"画笔工具"[✐],设置前景色为黑色,在灶台区域上涂抹,隐藏该区域的灶台线框,如图8-94所示。

02 按Ctrl+O快捷键打开"燃气灶和水池.psd"等家具素材，如图8-95所示。

03 将素材合理地移动复制到厨房的适当位置上，如图8-96所示。

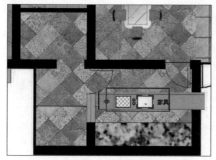
图8-94 添加图层蒙版

图8-95 家具素材

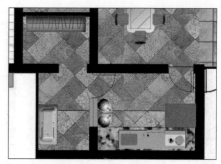
图8-96 添加家具后的效果

8.4.4　制作露台家具

复式住宅的露台为休闲露台，因此布置的家具有休闲座椅和绿化植物等。

01 本着"化繁为简"的原则，保持户型图简洁、美观的整体效果。

02 按Ctrl+O快捷键打开"座椅和植物.png"素材，如图8-97所示。

03 将座椅素材移动到露台区域中，按Ctrl+T快捷键调整大小和方向，并拷贝一份至不同的位置，如图8-98所示。

04 由于该座椅模块不是在CAD图形基础上着色制作的，因此与"家具"图层的CAD线框不能完全吻合。选择"家具"图层为当前图层，单击图层面板底部的"添加图层蒙版"按钮 ▣，选择"画笔工具" ✎，设置前景色为黑色，在座椅区域上涂抹，隐藏该区域的座椅线框，得到如图8-99所示的效果。

05 继续拷贝植物素材，选择"投影"复选框，添加投影效果，最终得到如图8-100所示的效果。

图8-97 座椅素材

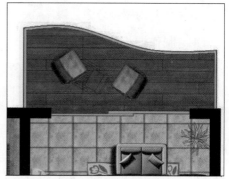
图8-98 添加座椅素材

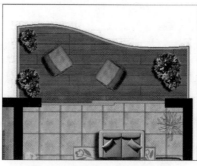
图8-99 隐藏CAD线框的效果

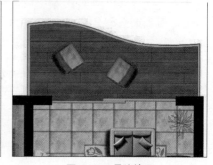
图8-100 最终效果

8.4.5　制作卧室家具

卧室一般有床、床头柜、梳妆台、电视机、电视柜、衣柜等家具。这里以主卧为例，介绍卧室家具的制作方法，最终完成效果如图8-101所示。卧室家具应以暖色调为主，以营造温馨、舒适的气氛。

1. 制作床和地毯

01 打开"块毯.jpg"图像素材，如图8-102所示。

02 将地毯图像拖动至卧室，按Ctrl+T快捷键调整大小和位置，并拷贝一份至不同位置，如图8-103所示。

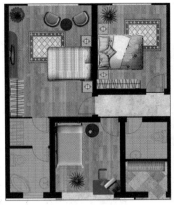

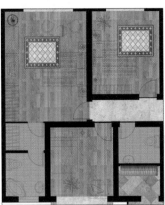

图8-101 卧室家具　　　　　　　图8-102 打开地毯图像　　　　　　图8-103 添加至卧室

03 继续添加床模块素材，将图层置于地毯图层上方，得到正确的前后叠加效果，如图8-104所示。

04 继续将其他的素材添加到窗口中，并执行"图层"｜"图层样式"｜"投影"命令，添加阴影效果，如图8-105所示。

05 场景中添加的素材都是由素材库中提供的。

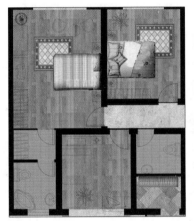

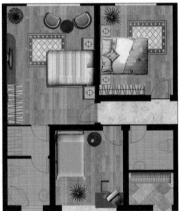

图8-104 添加床模块　　　　　　图8-105 添加投影后的效果

8.4.6　卫生间家具

卫生间家具包括蹲便器、浴缸、座便器、洗脸盆及台面等，制作方法与前面介绍的内容完全相同，最终完成效果如图8-106所示。

8.4.7　添加绿色植物

打开配套光盘提供的植物模块，将其添加至室内各角落位置，如图8-107所示，作为户型图的点缀。执行"图层"｜"图层样式"｜"投影"命令，为植物添加阴影效果，以加强立体感。在复制植物时，应先选择，然后按Alt键拖动，确保在图层内部复制，以减少PSD图像文件的大小。

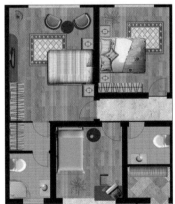

图8-106 卫生间家具的添加　　　　图8-107 添加绿色植物

8.5 / 最终效果处理

为了方便客户阅读，在制作完成室内家具模块后，还需要添加文字说明，对各空间的尺寸和功能进行简介说明。

8.5.1　添加墙体和窗户阴影

选择"墙体"图层，执行"图层"｜"图层样式"｜"投影"命令，为墙体图层添加投影效果，以加强户型图整体的立体感，如图8-108所示。投影方向与室内家具的投影方向一致。

显示"窗"图层并设置为当前图层，执行"图层"｜"图层样式"｜"投影"命令，为窗添加投影效果。

8.5.2 添加文字和尺寸标注

01 按Ctrl+O快捷键，打开"户型图 标注线.eps"文件，按如图8-109所示设置参数，对EPS文件进行栅格化。

02 选择工具箱中的"移动工具" ，拖动栅格化的文字标注线至户型图图像窗口，两个图像的中心自动对齐，如图8-110所示，重命名为"标注"图层。

03 按Ctrl+Shift+]快捷键，将"标注"图层调整至图层面板的最上方，使标注不被其他对象遮挡。

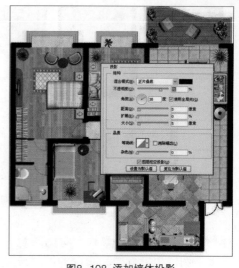

图8-108 添加墙体投影

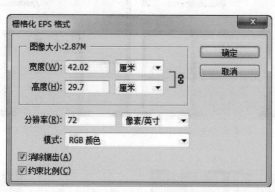

图8-109 栅格化标注EPS

图8-110 添加标注

8.5.3 裁剪图像

选择工具箱中的"裁剪工具" ，在图像窗口中拖动鼠标，创建裁剪范围框，然后分别调整各边界的位置，按回车键，应用裁剪，如图8-111所示。

彩色户型图全部制作完成。

图8-111 裁剪图像

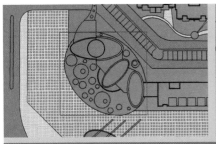

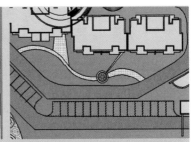

09 Chapter

彩色总平面图制作

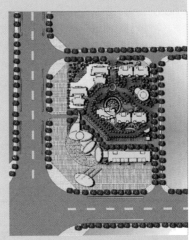

　　彩色平面总图通常又称为二维渲染图，主要用于展示大型规划设计方案，如屋顶花园、城区规划、大型体育馆等。早期的建筑规划设计图制作较为简单，大家都使用喷笔、水彩与水粉等工具手工绘制，引入计算机技术后，规划图的表现手法日趋成熟、多样，真实的草地、水面、树木的引入，使得制作完成的彩色总平面图形象生动、效果逼真。

　　本章通过某小型住宅小区实例，讲解使用Photoshop CC制作彩色总平面图的方法、流程和相关技巧，最终完成效果如图9-1所示。

图9-1 最终完成效果

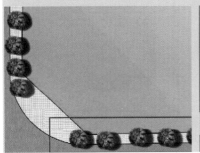
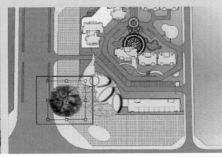
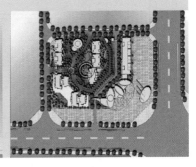

9.1 彩色总平面图的制作流程

绘制彩色总平面图主要分为三个阶段，包括AutoCAD输出平面图、各种模板的制作和后期合成处理。在Photoshop中对平面图进行着色时，应掌握一定的前后次序关系，以最大程度提高工作效率。

9.1.1 AutoCAD输出平面图

二维线框图是整个总平面图制作的基础，因此制作平面图的第一步就是根据建筑师的设计意图，使用AutoCAD软件绘制出整体的布局规划，包括整个规划各组成部分的形状、位置、大小等，这也是保障最终平面图的正确和精确程度的关键。有关AutoCAD的使用方法，本书不作介绍，读者可参考相关的AutoCAD书籍。

绘制完成后，执行"文件"|"打印"命令，使用本书第5章中介绍的方法将线框图输出为EPS格式的平面图像。

9.1.2 各种模块的制作

总平面图的常见元素包括：草地、树木、灌木、房屋、广场、水面、马路、花坛等，掌握了这些元素的制作方法，也就基本掌握了彩色总平面图的制作。这个过程主要由Photoshop CC来完成，使用的工具包括：选择、填充、渐变、图案填充等，在制作水面、草地、路面时也会使用到一些图像素材，如大理石纹理、地砖纹理、水面图像等。

9.1.3 后期合成处理

制作完成了各素材模块之后，彩色总平面图的大部分工作也就基本完成了，最后便是对整个平面图进行后期的合成处理，如复制树木、制作阴影，加入配景，对草地进行精细加工，使整个画面和谐、自然。

9.2 在AutoCAD中输出EPS文件

为了方便Photoshop CC处理，在AutoCAD中应分别输出建筑、植物和文字的EPS文件，然后在Photoshop CC中进行合成。

在最终的彩色总平面图中，这些打印输出的图线将会保留。使用图线的好处如下。

◎ 所有的物体可以在图线下面来绘制，一些没有必要做的物体可以少做或不做。节省了大量时间。

◎ 物体之间的互相遮挡可以产生一些独特的效果。

◎ 图线可以遮挡一些物体因选取不准而产生的错位和模糊，使边缘看起来很整齐，使图形看起来整齐、美观。

> **注意**
>
> 如果总平面图中绘制有地面铺装图案，还需要单独输出铺装EPS文件。

01 启动AutoCAD，按Ctrl+O快捷键，打开"练习总平面.dwg"文件，如图9-2所示。

02 首先将植物图层进行隐藏。使用鼠标单击任意植物，选择植物图层，在常用选项板图层列表中，将出现该植物所在的图层的"黄色"灯泡关闭，如图9-3所示。

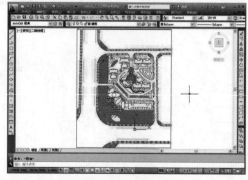

图9-2 打开练习总平面

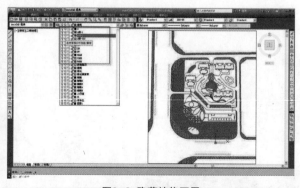

图9-3 隐藏植物图层

03 按Ctrl+P快捷键，打开"打印"对话框，如图9-4所示。

04 在"打印机/绘图仪"的名称下拉列表中，选择"EPS绘图仪"，在"图纸尺寸"下拉列表框中，选择"ISO A3（420.00×297.00毫米）"，如图9-5所示。

图9-4 "打印"对话框　　　　　　　　　　　　　图9-5 设置参数

05 在"打印样式表"下拉列表中，选择acad样式，然后单击编辑样式按钮，打开"打印样式表编辑器"对话框，选择所有颜色打印样式，设置颜色为黑色、实心，如图9-6所示。

06 单击"保存并关闭"按钮，退出打印样式编辑器，继续设置打印参数，勾选"居中打印"和"布满图纸"复选框，这样可以保证打印的图形文件在图纸上居中布满显示，具体参数设置如图9-7所示。

图9-6 打印样式表编辑器　　　　　　　　　　图9-7 打印参数设置

07 执行"窗口"命令，在绘图窗口中分别拾取前面外框矩形的两个角点，指定打印输出的范围，如图9-8所示，使用acad.ctb颜色打印样式控制打印效果。

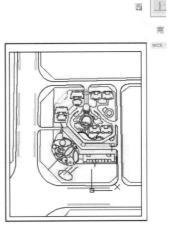

图9-8 打印窗口的拾取

08 单击"确定"按钮，打开"浏览打印文件"对话框，指定打印输出的文件名和保存位置，最后单击"保存"按钮，开始打印输出，建筑和道路图形即打印输出至指定的文件中。

09 将除植物以外的图层进行关闭，将植物单独输出为"植物图层.eps"文件。

10 将除建筑以外的图层进行关闭，将建筑图层单独输出为"建筑图层.eps"文件。

9.3 栅格化EPS文件

9.3.1 栅格化EPS文件

01 运行Photoshop CC软件，按Ctrl+O快捷键，打开AutoCAD打印输出的"练习总平面–model.eps"图形，在打开的"栅格化EPS格式"对话框中，根据需要设置合适的图像大小和分辨率，如图9-9所示。

02 单击"确定"按钮，开始栅格化处理，得到一个透明背景的线框图像，将线框图层重命名为"总平面"。

03 按Ctrl键单击图层面板上的"创建新图层"按钮 📄 ，在当前图层下方新建一个图层。按D键恢复前

/ 背景色为默认的黑/白颜色，按Ctrl + Delete快捷键填充白色，得到一个白色背景，以便于查看线框，如图9-10所示。

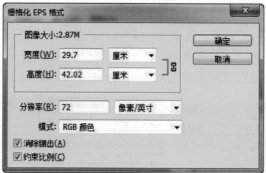
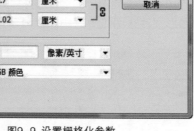

04 设置白色填充图层为当前图层，

图9-9 设置栅格化参数

图9-10 新建图层并填充白色

执行"图层"|"新建"|"背景图层"命令，将填充图层转换为背景图层。

05 按Ctrl+S快捷键，保存图像为"练习总平面.psd"。

9.3.2 合并建筑和植物图像

01 继续按Ctrl+O快捷键，以同样的参数栅格化"建筑.eps"和"植物.eps"文件。

02 选择"移动工具" ▶ ，分别拖动建筑图层和植物图层至图像窗口，重命名图层，以便于识别，如图9-11所示。

03 选择"裁切工具" ✄ ，去除多余的空白区域，结果如图9-12所示，以减少图像文件的大小，节省系统内存和磁盘空间。

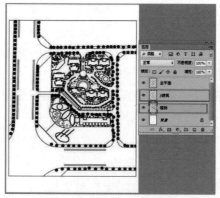
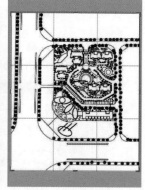

图9-11 合并建筑和植物图层

图9-12 裁切图像

9.4 制作草地

草地的制作方法较多，可以使用草地纹理图像、颜色填充、渐变填充或者使用滤镜制作，或者几种方法同时使用。草地在建筑红线内外一定要区分色相、明度和饱和度，否则会因颜色缺少变化而显得呆板。

对于比较大的彩色平面图，尽量不要使用一块真实的草地图片来代替颜色填充，虽然草地看起来很真实，但会造成整体不协调，还会加大内存消耗。

01 在本例中使用填充和渐变两种方法来制作草地，但也要注意根据线稿，制作出区别于等高线的不同草地来。

02 使用"渐变工具"中的"菱形渐变"，在"渐变编辑器"里设置参数，调成绿色，如图9-13所示。

03 制作出的草地效果，设置图层的"混合模式"为"正片叠底"，如图9-14所示。

图9-13 渐变编辑器

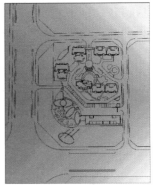

图9-14 制作出的草地效果

9.5 制作铺装

在总平面图的设计中，马路、草地的周围一般都是地砖铺砌而成的人行铺地，制作时只需选择合适的地砖纹理，然后进行图案填充即可。

本例中有广场、人行道等多种铺地，制作时先定义图案，然后使用填充工具或图案叠加图层样式制作。

在制作铺装的时候，仅有系统自带的图案是远远不能满足需要的，这里介绍利用图片定义图案制作铺装效果。

1. 制作马路

01 选中总平面图层，选择"魔棒工具"，选择公路所在的区域，如图9-15所示。

02 按Ctrl+O快捷键，打开"路面素材.jpg"，如图9-16所示。

03 选择"矩形框选工具"，选择路面素材，执行"编辑"|"定义图案"命令，在弹出的"图案名称"对话框中自定义名称，如图9-17所示。

04 返回总操作窗口，按Ctrl+Shift+N快捷键，新建一个图层，命名为"公路"，在"公路"图层，执行"编辑"|"填

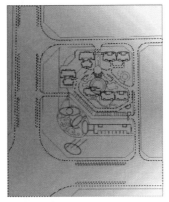

图9-15 选择公路选区

图9-16 路面素材

充"命令，单击"填充"对话框中的"自定图案"按钮，选择"路面素材"图片，如图9-18所示。

05 填充路面素材后的效果如图9-19所示。

图9-17 定义图案名称

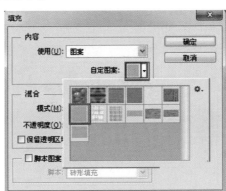

图9-18 填充对话框

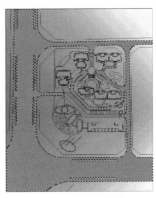

图9-19 填充路面的效果

2. 制作人行道

01 按Ctrl+O快捷键，打开"人行道.jpg"素材，如图9-20所示。

02 执行"编辑"|"定义图案"命令，在弹出的"图案名称"对话框中，自定义名称，如图9-21所示。

03 返回总操作窗口的"建筑"图层，使用"魔棒工具"，选择人行道铺装的区域，如图9-22所示。

图9-21 自定义名称

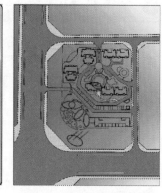

图9-20 人行道素材

04 按Ctrl+Shift+N快捷键，新建一个图层，命名为"广场铺装"，执行"编辑"|"填充"命令，单击"填充"对话框中的"自定图案"按钮，选择"人行道素材"图片，如图9-23所示。

05 填充人行道素材后的效果如图9-24所示。

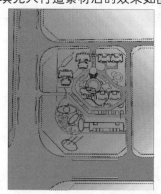

图9-22 选择人行道区域

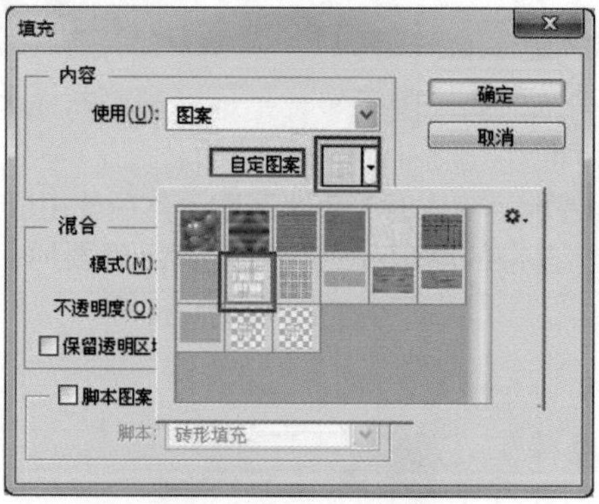

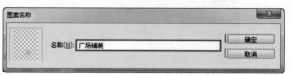

图9-23 "填充"对话框

图9-24 填充人行道的效果

3. 制作广场

01 按Ctrl+O快捷键，打开"广场铺装.jpg"素材，如图9-25所示。

02 选择广场铺装素材所在的图层，执行"编辑"|"定义图案"命令，在弹出的"图案名称"对话框中，自定义名称，如图9-26所示。

03 返回总操作窗口的"建筑"图层，选择"魔棒工具"，选择广场铺装的区域，如图9-27所示。

图9-26 自定义名称

图9-25 广场铺装素材

04 按Ctrl+Shift+N快捷键，新建一个图层，命名为"广场铺装"，执行"编辑"|"填充"命令，单击"填充"对话框中的"自定图案"按钮，选择"广场铺装素材"图片，如图9-28所示。

05 填充广场铺装素材后的效果如图9-29所示。

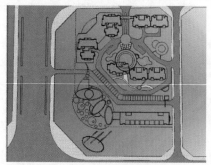

图9-27 选择广场铺装区域

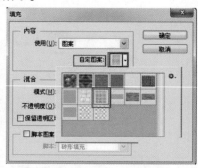

图9-28 "填充"对话框

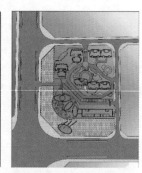

图9-29 填充广场后的效果

4. 制作圆形铺装

01 按Ctrl+O快捷键，打开"圆形铺装素材.jpg"，如图9-30所示。

02 执行"编辑"|"定义图案"命令，在弹出的"图案名称"对话框中，自定义名称，如图9-31所示。

图9-31 自定义名称　　　　　　　图9-30 圆形铺装素材

03 返回总操作窗口的"建筑"图层，选择"魔棒工具" 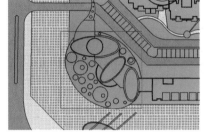，选择椭圆形铺装的区域，如图9-32所示。

04 按Ctrl+Shift+N快捷键，新建一个图层，命名为"圆形铺装"，执行"编辑"|"填充"命令，单击"填充"对话框中的"自定图案"按钮，选择"圆形铺装素材"图片，如图9-33所示。

图9-32 "魔棒"选择区域　　　图9-33 填充对话框

05 填充椭圆形铺装素材后的效果如图9-34所示。

06 回到"建筑"图层，选择"魔棒工具" ，选择内部圆形铺装，和制作椭圆形铺装一样，进入"圆形铺装"图层，执行"编辑"|"填充"命令，效果如图9-35所示。

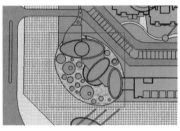

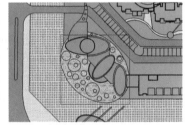

图9-34 填充椭圆形铺装后的效果　　　图9-35 填充内部圆形铺装

5. 制作圆形广场

01 按Ctrl+O快捷键，打开"圆形广场.jpg"，如图9-36所示。

02 选择"快速选择工具" ，选取圆形广场图像，选择"移动工具" ，移动复制圆形广场素材的当前操作窗口，如图9-37所示。

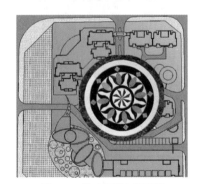

图9-36 圆形广场素材　　　图9-37 移动复制广场素材

03 按Ctrl+T快捷键，进入"自由变换"状态，调整圆形广场素材至广场区域所需要的大小，如图9-38所示。

04 用同样的方法，制作其余的两个圆形广场，结果如图9-39所示。

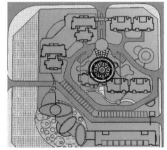

图9-38 自由变换　　　图9-39 制作其余的广场

9.6 / 制作水面

　　水对于人有怡心养性的景观功能，以及调节气温、净化空气环境的作用。为了迎合人们返璞归真的生活理想，傍水而居的普遍愿望，许多建筑开发商都在住宅景观设计中引入了水景景观设计，开凿人工河道，搭建亭、桥、廊、榭等水边建筑，构筑叠水、溪流、瀑布、喷泉、水池等水景景观，勾勒出一幅人与环境和谐融洽的美好画卷。

01 按Ctrl+O快捷键，打开"水面素材.jpg"，如图9-40所示。

02 选择"矩形框选工具" ⊡，框选水面素材，执行"编辑"|"定义图案"命令，在弹出的"图案名称"对话框中，自定义名称，如图9-41所示。

图9-40 水面素材　　　　　　　　图9-41 自定义命名

03 返回总操作窗口的"建筑"图层，选择"魔棒工具" ✨，选择水面的区域，如图9-42所示。

04 按Ctrl+Shift+N快捷键，新建一个图层，命名为"水面"，执行"编辑"|"填充"命令，单击"填充"对话框中的"自定图案"按钮，选择"水面素材"图片，如图9-43所示。

05 填充水面素材后，按Ctrl+B快捷键，执行"色彩平衡"命令，将水面颜色调成蓝色，最后选择"加深工具" ◉，将水面边缘加深，制作出倒影感，最终效果如图9-44所示。

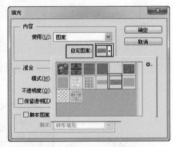

图9-42 选择水面区域　　　　图9-43 "填充"对话框　　　　图9-44 水面效果

9.7 / 制作建筑

　　在总平面图中表现建筑，只需要表现其屋顶结构和投影即可。

01 选择"魔棒工具" ✨，选择建筑所在的区域，如图9-45所示。

02 单击"设置前景色"按钮 ▣，在弹出的"拾色器"对话框里设置参数，设置颜色为"#dbe7fa"，如图9-46所示。

03 按Ctrl+Shift+N快捷键，新建一个图层，命名为"建筑"，再按Alt+Delete快捷键填充前景色，效果如图9-47所示。

04 选择"魔棒工具" ✨，选择建筑区域，使用同样的方法制作其他建筑，完成后的建筑效果如图9-48所示。

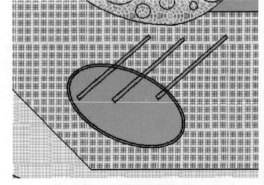

图9-45 选择建筑区域

图9-46 设置前景色

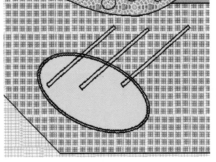

图9-47 填充前景色

图9-48 制作其他建筑

05 选择"魔棒工具"，选择建筑底商部分，如图9-49所示。

06 单击"设置前景色"按钮，在弹出的"拾色器"对话框里设置参数，设置颜色为"# fbffdd"，如图9-50所示。

07 按Ctrl+Shift+N快捷键，新建一个图层，命名为"建筑底商"，再按Alt+Delete快捷键填充前景色，效果如图9-51所示。

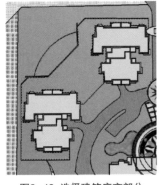

图9-49 选择建筑底商部分

图9-50 设置拾色器参数

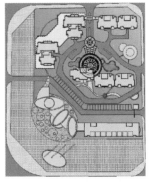

图9-51 填充前景色

9.8 制作玻璃屋顶

在制作玻璃屋顶之前，首先要假设光线的方向，这样才能确定玻璃屋顶的亮面和暗面，假设光线是从左面射过来的，那么相应的玻璃的亮面就该在左边，确定了光线的方向，做起来就不难了。

01 选择"魔棒工具"，选择玻璃屋顶所在的区域，如图9-52所示。

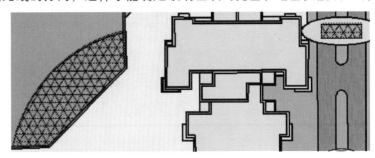

图9-52 玻璃屋顶选区

02 单击"设置前景色"按钮，在弹出的"拾色器"对话框中设置参数，设置颜色为"# 74d8fb"，如图9-53所示。

03 按Ctrl+Shift+N快捷键，新建一个图层，命名为"玻璃屋顶"，再按Alt+Delete快捷键填充前景色，效果如图9-54所示。

图9-53 设置前景色

图9-54 填充玻璃屋顶

04 选中"玻璃屋顶"图层，选择"画笔工具" 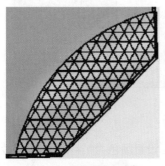，单击"设置前景色"按钮，设置为白色，从左至右画出明暗感，如图9-55所示。

05 使用同样的方法在另一个玻璃屋顶上制作出明暗面，如图9-56所示。

图9-55 用画笔擦出明暗   图9-56 制作玻璃屋顶明暗面

9.9 处理周围细节

很多后期处理人员通常只注意大关系的把握，而容易忽略一些微小的细节，然而，一张完美的色彩总平面图，往往离不开这些不醒目的微小细节。所以一般在处理完大关系之后，需要检查一些被遗漏的细节部分。

9.9.1 填充停车坪

植草砖是一种新型的路面材料，可以保护草坪，经受人和汽车的碾压，从而完美实现草坪、停车场二合一，既提高了宅地的绿化，又方便了居家小型车辆的停泊。

01 选择"建筑"图层，选择"魔棒工具" ，选取停车坪区域，如图9-57所示。

02 按Ctrl+Shift+N快捷键，新建一个图层，命名为"停车坪"，如图9-58所示。

03 按Ctrl+O快捷键，打开"植草砖素材.jpg"，如图9-59所示，为"植草砖素材"定义图案。

图9-57 选取停车坪区域   图9-58 新建图层   图9-59 植草砖素材

04 返回总操作窗口，在停车坪图层执行"编辑"|"填充"命令，在弹出的"填充"对话框中选择植草砖素材图片，如图9-60所示。

05 填充完植草砖的效果如图9-61所示。

   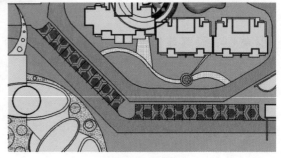

图9-60 "填充"对话框   图9-61 填充植草砖

06 执行"图层"|"图层样式"|"图层叠加"命令，在弹出的"图层样式"对话框中，设置参数，调整大小，如图9-62所示。

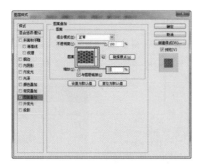

图9-62 图层样式参数

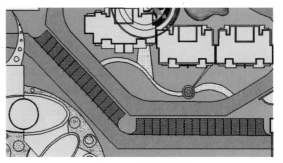

图9-63 停车坪效果

07 最终停车坪的效果如图9-63所示。

9.9.2 添加树木

在平面彩图中，所有的树木都是采用图例的方式添加的，而不是一棵棵完整的树，因为平面彩图是顶视俯瞰，所有的树木、房子、人等都只能看到其顶部。其空间关系存在于平面关系，而不是透视关系。

在CAD图中，如果没有给出植物种植方案，那么可以根据一些好的参考图来种植树木，在种植过程中注意树种的搭配以及树与树之间的疏密关系。

在本例中，CAD图中给出了植物种植方案，所以只要找到相关的树种，按照线形种植就可以了。种植的时候注意结合CAD图，因为在CAD中容易找到同一类树种。

1. 绘制植物

01 打开隐藏的"植物"图层。

02 按Ctrl+O快捷键，打开已经收集好的"平面植物素材"，如图9-64所示。

03 首先要找到行道树的树种，选择"移动工具" ，将行道树移动到当前操作窗口，如图9-65所示。

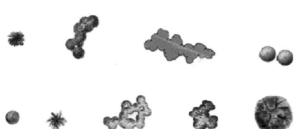

图9-64 平面植物素材

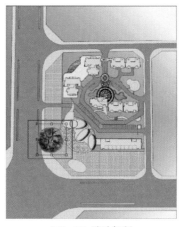

图9-65 移动复制

04 按Ctrl+T快捷键，进入"自由变换"状态，缩放树木的大小，按照"植物"图层中植物的种植情况，种植道路两旁的行道树，如图9-66所示。

05 采用同样的方法种植其他的树木、植物，种植完成后，根据植物的高矮层次，调整图层叠放顺序，效果如图9-67所示。

2. 制作行车线

01 按Ctrl+Shift+N组合键，新建一个图层，命令为"行车线"。

02 选择"矩形工具" ，设置其参数如图9-68所示。

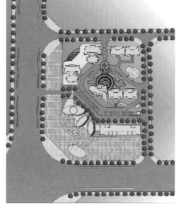

图9-66 种植行道树

图9-67 种植完植物的效果

图9-68 设置矩形工具参数

03 建立水平参考线，确保条纹在同一水平线上，绘制出一个行车线的黄色条纹，按Ctrl+J快捷键拷贝黄色条纹，然后按Ctrl+T快捷键，调用变换命令，这里我们不需要调整其大小，如图9-69所示。

04 按住Shift+↓快捷键，垂直方向移动黄色条纹，如图9-70所示。

图9-69 绘制车行线

图9-70 垂直移动

05 再按Ctrl+Shift+Alt+T快捷键，等距离连续拷贝黄色条纹，如图9-71所示。

06 使用相同的方法制作出横向的黄色行车线，效果如图9-72所示。

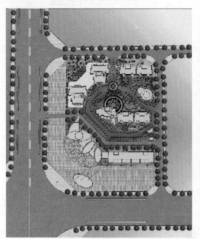

图9-71 等距复制

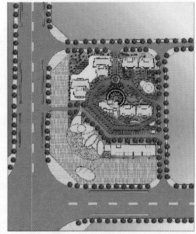

图9-72 制作其余的行车线

9.10 添加影子

在彩色平面图中，给图中景观添加影子，可以增强画面的真实感和层次感。下面给本例中的植物、树木、房子等物添加影子，看看添加影子后是什么效果。因考虑到本例中所有的植物添加影子的方法类似，所以这里介绍一个简单的方法，可以简化重复制作影子的过程，那就是使用动作命令。

动作面板是建立、编辑和执行动作的主要场所，选择"窗口" | "动作"命令，在图像窗口中显示出动作面板，如图9-73所示。

软件本身自带了一些动作，只要选择相应的动作，然后单击"播放" ▶ 按钮，软件就会自动按照原来动作的每一步设置的参数、命令等进行操作。当然也可以自己新建动作，并可以自己给动作命名，便于自己查找，然后单击"记录" ● 按钮，后面每一步操作将被自动记录下来，当操作完成之后，再单击"停止" ■ 按钮，这样动作就保存下来了，并存于动作面板里。当需要的时候，只要选择该动作，单击"播放" ▶ 按钮即可。

图9-73 动作面板

9.10.1 添加植物影子

这里以行道树阴影制作为例，介绍植物影子的制作方法，并将其录制为动作。

01 选择"行道树"图层，执行"窗口" | "动作"命令，打开"动作"面板，如图9-74所示。

02 单击"新建"动作按钮 □ ，打开"新建动作"对话框，命名为"制作阴影"，如图9-75所示。

03 单击"记录"按钮，此时动作面板中的"开始记录"按钮 ● 呈按下状态，系统自动进入动作记录

状态。

先 按
Ctrl+J
快捷键
拷贝当
前 图
层，即
拷贝一
个"行
道树"

图9-74 动作面板

图9-75 制作阴影

图9-76 拷贝图层

图层，如图9-76所示。

04 按Ctrl+[快捷键，将拷贝的图层放置于"行道树"图层的下面，如图9-77所示。

05 按D键，系统自动默认前景色为黑白，按Alt+Delete快捷键，填充前景色。

06 按↑、↓、←、→方向键，移动图层到适合投射阴影的位置，如图9-78所示。

图9-78 移动阴影

图9-77 拷贝图层放置下面

07 按7快捷键，快速设置图层的不透明度为70％，如图9-79所示。

08 单击"停止"按钮 ■ ，完成动作录制。

09 选择另外一个植物图层为当前图层，在动作面板中单击播放动作按

钮 ▶ ，即可执行相同的制作，制作影子效果。

10 用同样的
方法制作剩下
的各类植物的
阴影，添加植
物影子的最终
效果如图9-80
所示。

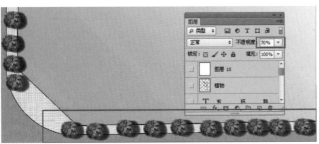

图9-79 设置不透明度

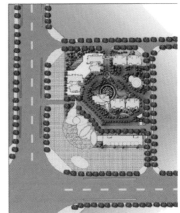

图9-80 为所有植物添加影子

> **技 巧**
>
> 直接按数字键可以快速设置图层的不透明度。按1键设置10％不透明度，按5键设置为50％，以此类推，按0键为
> 100％不透明度。连续按数字键比如"85"，则设置不透明度为85％。

9.10.2 添加建筑影子

01 选择"建筑"所在的图层，如图9-81所示。

02 单击"添加图层样式"按钮 *fx.* ，选择"投影"选项，如图9-82所示。

03 在弹出的"图层样式"对话框中，设置参数，如图9-83所示。

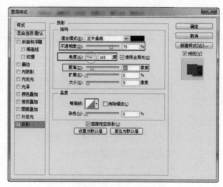

图9-81 选择建筑　　　　　　　图9-82 添加图层样式　　　　　　图9-83 设置参数

04 建筑添加影子后的效果如图9-84所示。

05 使用同样的方法，制作剩下的建筑影子的效果，添加建筑影子的最终效果如图9-85所示。

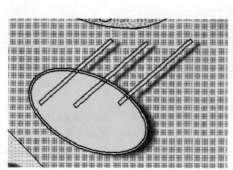

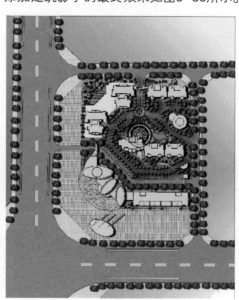

图9-84 制作出影子的效果　　　　　　　图9-85 添加建筑影子的效果

10 Chapter

客厅日景效果图后期处理

　　客厅是现在家庭必不可少的活动场所，既是家人交流的场所，又是接待客人的场所。因此在表现方面不能像卧室那样温馨，又不能像办公室那样严谨，而应该根据客户的要求灵活把握。

　　同样，客厅效果图在家装效果图中是最重要的，因为它的基调和风格用3ds Max渲染的最终效果也不一定完全令人满意，需要用Photoshop CC对渲染图片中的不足之处进行提亮、修饰、美化。

10.1 客厅效果图后期处理

以效果图后期处理来说，在做客厅效果图时，通常要做的工作包括调整画面的整体色调、对画面的细部进行单独调整、为场景中添加一些植物和人物等配景，以使整个画面更加人性化、生活化。

需要注意的是，客厅是整个房间的重中之重，因此不管是最初的设计还是后期的处理，一定要多加重视才行。

10.1.1 客厅效果图整体色调调整

01 启动Photoshop CC软件，选择"文件"|"打开"命令，打开"客厅.tga"以及"客厅通道图.tga"文件，如图10-1所示。

02 选择"移动工具" ▸╋，按住Shift键的同时将"客厅通道.tga"文件拖曳到"客厅.tga"图片中，并将其所在的图层命名为"通道"，如图10-2所示。

图10-1 客厅及客厅通道图　　　　　　　　　　　图10-2 移动"通道"至"客厅"界面

> **注意**
>
> 在将图像调入到另一个场景中时，按住Shift键拖动，可以将调入进去的图像居中放置。但前提条件是这两个图像的尺寸必须一致，否则调入的图像将不会与调入图像的场景完全对齐。

03 单击"通道"图层前方的 👁 按钮，隐藏"通道"图层，如图10-3所示。

04 选择"客厅"图层为当前图层，按Ctrl+M快捷键，执行"曲线"命令，在弹出的"曲线"对话框中设置各项参数，如图10-4所示。

05 执行"图像"|"调整"|"亮度/对比度"命令，在弹出的"亮度/对比度"对话框中设置参数，如图10-5所示。

06 按Ctrl+B快捷键，执行"色彩平衡"命令，在弹出的"色彩平衡"对话框中设置参数，如图10-6所示。

图10-3 隐藏通道图层

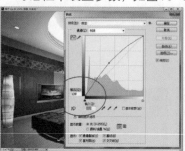  

图10-4 "曲线"对话框　　　　　图10-5 "亮度/对比度"对话框　　　　　图10-6 色彩平衡参数设置

> **提示**
>
> 执行上述操作后，所渲染的图像的整体对比度和明暗程度都比较令人满意了，但是局部的细节地方还是没有变化，下面进行细部的处理。

10.1.2 客厅效果图的局部刻画

前面对客厅效果图的整体色调作了大体调整，已经把画面的大环境把握住了。下面将逐一刻画场景中不理想的每个局部，以使画面达到最佳效果。

01 选择"通道"图层为当前图层，按W键选择"魔棒工具" ，在图像中选择代表吊灯顶部的绿色区域，如图10-7所示。

02 将"通道"图层隐藏，回到"客厅"图层，按Ctrl+J快捷键，拷贝选区中的内容，命名为"吊顶"，如图10-8所示。

图10-7 选择通道图的绿色区域   图10-8 拷贝"吊顶"图层

03 选择"吊顶"图层为当前图层，按Ctrl+L快捷键，执行"色阶"命令，在弹出的"色阶"对话框中设置参数，效果如图10-9所示。

04 按Ctrl+B快捷键，执行"色彩平衡"命令，在弹出的"色彩平衡"对话框中设置参数，如图10-10所示。

图10-9 色阶参数设置   图10-10 设置色彩平衡

05 同样，在"客厅"图层中将灯池区域拷贝一个图层，并将其所在的图层命名为"灯池"，如图10-11所示。

06 使用同样的方法制作灯池效果，如图10-12所示。

图10-11 拷贝图层   图10-12 制作灯池效果

07 在"通道"图层选择左边的绿色灯带区域，如图10-13所示。

08 返回"客厅"图层，按Ctrl+J快捷键，拷贝选区内容，命名为"灯带"，如图10-14所示。

图10-13 选择灯带区域   图10-14 拷贝"灯带"图层

09 选中"灯带"图层，按Ctrl+M快捷键，执行"曲线"命令，在弹出的"曲线"对话框中设置参数，效果如图10-15所示。

10 在"通道"图层，选择后边的红色玻璃窗区域，如图10-16所示。

11 返回"客厅"图层，按Ctrl+J快捷键，拷贝选区内容，命名为"玻璃窗"，如图10-17所示。

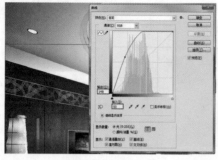
图10-15 提亮灯带

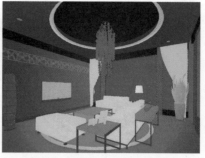
图10-16 选择红色玻璃窗区域

图10-17 拷贝图层

12 选中"玻璃窗"图层，按住Ctrl键不放，在"玻璃窗"图层的缩略图上单击鼠标左键，将"玻璃窗"载入选区，如图10-18所示。

13 返回"客厅"图层，按Delete键，删除玻璃窗区域，效果如图10-19所示。

14 按Ctrl+O快捷键，打开"配景图.jpg"文件，如图10-20所示。

图10-18 选择玻璃窗

图10-19 删除玻璃区域

图10-20 配景图

15 选择"移动工具"，移动"配景图"至当前操作窗口，如图10-21所示。

16 按Ctrl+[快捷键，将"配景图"图层调整至"客厅"图层的下方，如图10-22所示。

17 按Ctrl+T快捷键，进入"自由变换"状态，调整"配景图"的大小及位置，如图10-23所示。

图10-21 移动"配景图"至当前操作窗口

图10-22 调整图层次序

图10-23 自由变换

18 按Ctrl+[快捷键，将"玻璃窗"图层调整至"客厅"与"配景图"图层之间，修改玻璃窗图层的不透明度为20%，效果如图10-24所示。

19 按Ctrl+O快捷键，打开"电视画面.jpg"文件，如图10-25所示。

20 选择"移动工具"，移动"电视画面"至当前操作窗口，如图10-26所示。

图10-24 调整图层次序及不透明度

图10-25 电视画面 图10-26 移动"电视画面"至当前操作窗口

21 按Ctrl+T快捷键，进入"自由变换"状态，调整"电视画面"的大小及位置，如图10-27所示。

22 在"配景图"图层，按Ctrl+J快捷键，拷贝出一个新图层，命名为"反射"，如图10-28所示。

23 按Ctrl+]快捷键，将"反射"图层移动至"客厅"图层上方，如图10-29所示。

图10-27 自由变换 图10-28 拷贝图层 图10-29 移动图层次序

24 再按Ctrl+T快捷键，进入"自由变换"状态，单击鼠标右键，选择"水平翻转"选项，如图10-30所示。

25 设置"反射"图层的不透明度为20%，然后选择"多边形框选工具" ，选择电视墙反射玻璃窗的区域，如图10-31所示。

26 选择"反射"图层为当前图层，单击图层面板底部的"添加图层蒙版"按钮 ，为图层添加图层蒙版，效果如图10-32所示。

图10-30 水平翻转 图10-31 选择反射区域 图10-32 添加图层蒙版

27 在"通道"图层选择中间沙发所在的黄色区域，如图10-33所示。

28 返回"客厅"图层，按Ctrl+J快捷键，拷贝选区内容，命名为"沙发"，如图10-34所示。

图10-33 选择沙发所在的区域 图10-34 拷贝沙发图层

29 按Ctrl+M快捷键，执行"曲线"命令，在弹出的"曲线"对话框中设置参数，如图10-35所示。

30 在"通道"图层，选择中间桌子所在的橙色区域，如图10-36所示。

31 返回"客厅"图层，按Ctrl+J快捷键，拷贝选区内容，命名为"桌子"，如图10-37所示。

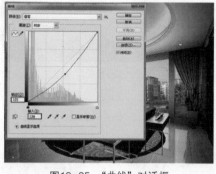
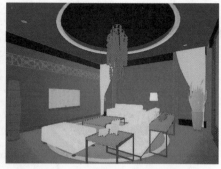

图10-35 "曲线"对话框　　　　图10-36 选择桌子所在的区域　　　　图10-37 拷贝"桌子"图层

32 按Ctrl+M快捷键，执行"曲线"命令，在弹出的"曲线"对话框中设置参数，如图10-38所示。

33 选择"沙发"图层为当前图层，按Ctrl+J快捷键，拷贝出一个新图层，命名为"阴影"，如图10-39所示。

34 按Ctrl+[快捷键，将"阴影"图层调整至"沙发"图层下方，如图10-40所示。

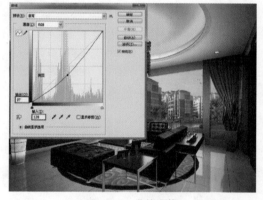

图10-38 曲线调整　　　　图10-39 拷贝新图层　　　　图10-40 调整图层次序

35 执行"滤镜"|"模糊"|"高斯模糊"命令，在弹出的"高斯模糊"对话框中设置参数，如图10-41所示。

36 执行"滤镜"|"模糊"|"动感模糊"命令，在弹出的"动感模糊"对话框中设置参数，效果如图10-42所示。

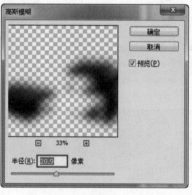

图10-41 "高斯模糊"对话框　　　　图10-42 动感模糊调整

10.1.3　为客厅效果图添加配景

　　前面说过，室内效果图的配景素材一般包括植物、装饰品、户外风景等，这里将为场景添加一些植物。

01 执行"文件"|"打开"命令，打开"小盆栽.png"文件，如图10-43所示。

02 选择"移动工具" ，将植物移动到当前操作窗口，命名为"小盆栽"，如图10-44所示。

图10-43 室内植物

图10-44 移动植物至当前操作窗口

03 按Ctrl+T快捷键，进入"自由变换"状态，调整其位置及大小，如图10-45所示。

04 选择"小盆栽"图层为当前图层，按Ctrl+J快捷键，拷贝出一个图层，命名为"影子"，如图10-46所示。

05 按Ctrl+M快捷键，执行"曲线"命令，在弹出的"曲线"对话框中设置参数，将输出值设置为0，如图10-47所示。

图10-45 自由变换命令

图10-46 拷贝新图层

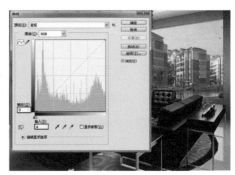

图10-47 曲线对话框

06 按Ctrl+[快捷键，将"影子"图层调整至"小盆栽"图层的下方，如图10-48所示。

07 按Ctrl+T快捷键，进入"自由变换"状态，单击鼠标右键，选择"垂直翻转"选项，如图10-49所示。

08 移动"影子"图层至合适的位置，修改图层不透明度为50%，如图10-50所示。

图10-48 调整图层次序

图10-49 垂直翻转

图10-50 设置图层不透明度

09 按E键，切换到"橡皮擦工具" ，将影子多余的部分擦除，效果如图10-51所示。

10 使用相同的办法制作出场景中的其他植物，最终效果如图10-52所示。

图10-51 擦除影子的多余部分　　　　　　　图10-52 最终效果

10.2 卧室夜景效果图后期处理

卧室是家庭必不可少的休息场所，是上班工作之余休息养神的地方，因此在表现方面不能像办公室那样严谨，而应该根据客户的要求灵活把握，制作出温馨、温暖、舒适的环境。

同样，卧室效果图在家装效果图中是最重要的，因为它的基调和风格用3ds Max渲染的最终效果也不一定完全令人满意，需要用Photoshop CC对渲染图片中的不足之处进行提亮、修饰、美化。

对效果图后期处理方面来说，在做卧室效果图时通常要做的工作包括调整画面的整体色调、对画面的细部进行单独调整、为场景中添加一些植物等配景，以使整个画面更加人性化、生活化。

需要注意的是，卧室也是整个房间的重中之重，因此不管是最初的设计还是后期处理阶段，一定要多加重视。

10.2.1 卧室效果图整体色调调整

01 启动Photoshop CC软件，执行"文件"|"打开"命令，打开"卧室.tga"以及"卧室通道.tga"文件，如图10-53所示。

图10-53 卧室图与彩通图

02 选择"移动工具" ，然后按住Shift键的同时将"卧室通道.tga"文件拖曳到"卧室.tga"图片中，并将其所在的图层命名为"彩通"，如图10-54所示。

03 单击"彩通"图层前方的 按钮，隐藏"彩通"图层，如图10-55所示。

04 选择"卧室"图层为当前图层，按Ctrl+M快捷键，执行"曲线"命令，在弹出的"曲线"对话框中设置各项参数，如图10-56所示。

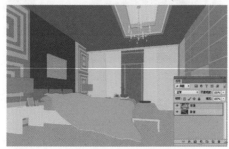  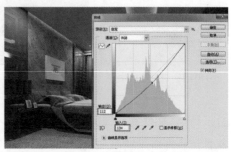

图10-54 合并彩通图层至卧室窗口　　　图10-55 隐藏彩通图层　　　　　图10-56 曲线对话框

05 按Ctrl+L快捷键，执行"色阶"命令，在弹出的"色阶"对话框中设置各项参数，如图10-57所示。

06 执行"图像"|"调整"|"亮度/对比度"命令，在弹出的"亮度/对比度"对话框中设置参数，如图10-58所示。

07 按Ctrl+B快捷键，执行"色彩平衡"命令，在弹出的"色彩平衡"对话框中设置参数，如图10-59所示。

图10-57 色阶对话框　　　　　图10-58 "亮度/对比度"对话框　　　　图10-59 色彩平衡设置

10.2.2　卧室效果图的局部调整

前面对卧室效果图的整体色调作了大体调整，已经把画面的大环境把握住了。下面将逐一刻画场景中不理想的每个局部，以使画面达到最佳效果。

01 选择"彩通"图层为当前图层，按W键执行"魔棒工具"，在图像中选择代表吊灯顶部的浅黄色区域，如图10-60所示。

02 将"彩通"图层隐藏，回到"卧室"图层，按Ctrl+J快捷键，拷贝选区内容，命名为"吊顶"，如图10-61所示。

图10-60 选择吊顶区域　　　　　图10-61 拷贝吊顶区域

03 按Ctrl+M快捷键，执行"曲线"命令，在弹出的"曲线"对话框中设置各项参数，如图10-62所示。

04 按Ctrl+B快捷键，执行"色彩平衡"命令，在弹出的"色彩平衡"对话框中设置参数，如图10-63所示。

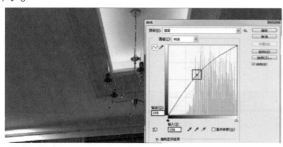

图10-62 曲线参数设置　　　　　图10-63 色彩平衡调整

05 同样的，在"彩通"图层，选择"魔棒工具"，选择浅绿色的区域，如图10-64所示。

06 将"彩通"图层隐藏，回到"卧室"图层，按Ctrl+J快捷键，拷贝选区内容，命名为"灯池"，如图10-65所示。

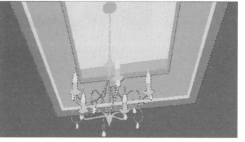

图10-64 选择浅绿色区域　　　　　图10-65 拷贝图层

07 按Ctrl+M快捷键，执行"曲线"命令，在弹出的"曲线"对话框中设置各项参数，提高灯池的亮度，如图10-66所示。

08 在"彩通"图层选择后边的浅紫色玻璃窗区域，如图10-67所示。

09 隐藏"彩通"图层，返回"卧室"图层，按Ctrl+J快捷键，拷贝出新的图层，命名为"玻璃窗"，如图10-68所示。

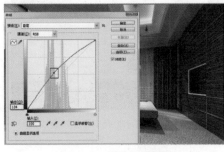  

图10-66 提高灯池亮度　　　　　图10-67 选择玻璃区域　　　　　图10-68 拷贝新图层

10 按Ctrl+M快捷键，执行"曲线"命令，在弹出的"曲线"对话框中设置各项参数，压暗玻璃窗上的室外景色，如图10-69所示。

11 选中"彩通"图层，选择"魔棒工具" ，选择床单所在的青色区域，如图10-70所示。

12 返回"卧室"图层，按Ctrl+J快捷键，拷贝出新图层，命名为"床单"，如图10-71所示。

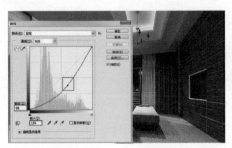 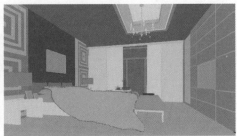 

图10-69 "曲线"对话框　　　　　图10-70 选择床单所在的区域　　　　　图10-71 拷贝床单图层

13 按Ctrl+M快捷键，执行"曲线"命令，在弹出的"曲线"对话框中设置各项参数，降低床单的亮度，如图10-72所示。

14 按Ctrl+B快捷键，执行"色彩平衡"命令，在弹出的"色彩平衡"对话框中设置各项参数，增加床单的暖色调，效果如图10-73所示。

15 使用同样的方法，修改枕头及脚踏的色调，效果如图10-74所示。

图10-72 降低床单的亮度　　　　　图10-73 增加床单的暖色调　　　　　图10-74 修改枕头及脚踏色调

10.2.3　为卧室效果图添加配景

前面说过，室内效果图的配景素材一般包括植物、装饰品、户外风景等，这里将为场景添加一些植物。

01 执行"文件"|"打开"命令，打开"卧室植物.psd"文件，如图10-75所示。

02 选择"移动工具" ，将植物移动到当前操作窗口，命名为"盆栽"，如图10-76所示。

03 按Ctrl+T快捷键，进入"自由变换"状态，调整其位置及大小，如图10-77所示。

图10-75 卧室植物　　　　　　图10-76 盆栽　　　　　　图10-77 自由变换

04 按Ctrl+M快捷键，执行"曲线"命令，在弹出的"曲线"对话框中设置参数，降低盆栽的亮度，如图10-78所示。

05 选择"盆栽"图层为当前图层，按Ctrl+J快捷键，拷贝出一个图层，命名为"阴影"，如图10-79所示。

06 按Ctrl+M快捷键，执行"曲线"命令，在弹出的"曲线"对话框中设置参数，将输出值设置为0，如图10-80所示。

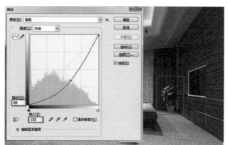
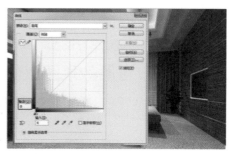

图10-78 降低盆栽亮度　　　　图10-79 拷贝阴影图层　　　　图10-80 调整曲线参数

07 按Ctrl+[快捷键，将"阴影"图层调整至"盆栽"图层的下方，如图10-81所示。

08 按Ctrl+T快捷键，进入"自由变换"状态，单击鼠标右键，选择"垂直翻转"选项，如图10-82所示。

09 移动"阴影"图层至合适的位置，修改图层的不透明度为30%，如图10-83所示。

图10-81 调整图层次序　　　　图10-82 翻转阴影　　　　　　图10-83 调整阴影不透明度

10 按E键，切换到"橡皮擦工具" ，将影子的多余部分擦除，效果如图10-84所示。

11 选择"移动工具" ，将植物移动到当前操作窗口中，命名为"挂边树"，如图10-85所示。

12 按Ctrl+T快捷键，进入"自由变换"状态，调整其位置及大小，如图10-86所示。

图10-84 擦除阴影边缘

图10-85 移动挂边树至当前操作窗口

图10-86 自由变换

13 按Ctrl+M快捷键，执行"曲线"命令，在弹出的"曲线"对话框中设置参数，如图10-87所示。

14 执行上述操作后，最终效果如图10-88所示。

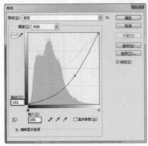

图10-87 曲线参数调整

图10-88 最终效果

10.3 KTV包厢效果图后期处理

KTV场景的灯光设计是难点，也是亮点。本场景既有光源发光效果，又有各种材质发光效果，顶棚环形灯带的处理也需要一定的技巧。

10.3.1 KTV包厢效果图整体色调调整

01 启动Photoshop CC软件，执行"文件"|"打开"命令，打开"ktv.tga"及"ktv通道.jpg"文件，如图10-89所示。

图10-89 KTV及通道图

02 选择"移动工具" ，按住Shift键的同时将"KTV通道"文件拖曳到"KTV"文件中，并将其所在的图层命名为"彩通"，如图10-90所示。

03 单击"彩通"图层前方的 按钮，隐藏"彩通"图层，如图10-91所示。

图10-90 移动"KTV通道"至当前操作窗口

图10-91 隐藏"彩通"图层

04 选择"KTV"图层为当前图层，按Ctrl+M快捷键，执行"曲线"命令，在弹出的"曲线"对话框中设置各项参数，如图10-92所示。

05 按Ctrl+L快捷键，执行"色阶"命令，在弹出的"色阶"对话框中设置各项参数，如图10-93所示。

06 执行"图像"|"调整"|"亮度/对比度"命令，在弹出的"亮度/对比度"对话框中设置参数，如图10-94所示。

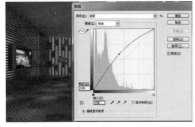

图10-92 调整图像亮度

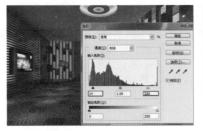

图10-93 色阶对话框

图10-94 亮度/对比度调整

10.3.2 KTV包厢效果图的局部调整

01 选择"彩通"图层为当前图层，按W键切换到"魔棒工具" ，在图像中选择代表吊灯的蓝色区域，如图10-95所示。

02 将"彩通"图层隐藏，回到"KTV"图层，按Ctrl+J快捷键，拷贝选区内容，命名为"吊顶"，如图10-96所示。

图10-95 选择吊灯区域

图10-96 拷贝吊顶图层

03 按Ctrl+M快捷键，执行"曲线"命令，在弹出的"曲线"对话框中设置各项参数，如图10-97所示。

04 再次选择"彩通"图层为当前图层，按W键切换到"魔棒工具" ，在图像中选择代表灯池的青色区域，如图10-98所示。

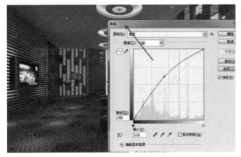

图10-97 调整吊顶的亮度

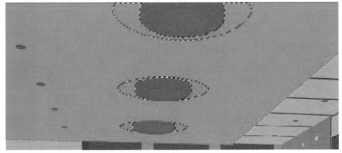

图10-98 选择灯池区域

05 隐藏"彩通"图层，返回"KTV"图层，按Ctrl+J快捷键，拷贝灯池区域，命名为"灯池"，如图10-99所示。

06 按Ctrl+M快捷键，执行"曲线"命令，在弹出的"曲线"对话框中设置各项参数，提高灯池的亮度，如图10-100所示。

图10-99 拷贝灯池图层

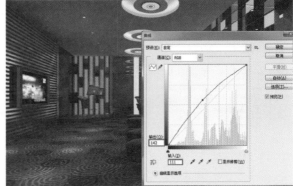

图10-100 "曲线"对话框

07 选择 "魔棒工具" ，选择彩通图墙壁上的青灰色区域，如图10-101所示。

08 回到 "KTV" 图层，按Ctrl+J快捷键，拷贝出新图层，命名为 "壁灯"，如图10-102所示。

图10-101 选择墙壁上青灰色区域

图10-102 拷贝新图层

09 按Ctrl+M快捷键，执行 "曲线" 命令，在弹出的 "曲线" 对话框中设置参数，调整壁灯亮度，如图10-103所示。

10 选择 "魔棒工具" 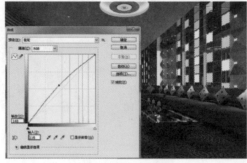，选择彩通图中间的红色区域，如图10-104所示。

图10-103 曲线调整

图10-104 选择红色区域

11 回到 "KTV" 图层，按Ctrl+J快捷键，拷贝出新图层，命名为 "凳子"，如图10-105所示。

12 按Ctrl+L快捷键，执行 "色阶" 命令，在弹出的 "色阶" 对话框中设置参数，效果如图10-106所示。

图10-105 拷贝凳子图层

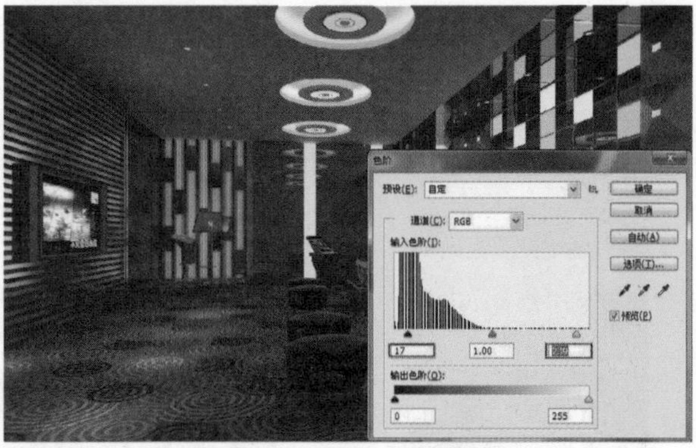

图10-106 色阶命令调整凳子

13 选择 "魔棒工具" ，选择彩通图中间的粉红色区域，如图10-107所示。

14 回到 "KTV" 图层，按Ctrl+J快捷键，拷贝出新图层，命名为 "桌子"，如图10-108所示。

图10-107 选择粉红色区域

图10-108 拷贝出新图层

15 按Ctrl+L快捷键，执行"色阶"命令，在弹出的"色阶"对话框中设置参数，效果如图10-109所示。

16 选择"魔棒工具"🪄，选择彩通图中的酒瓶和酒杯区域，如图10-110所示。

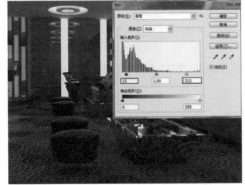

图10-109 色阶调整　　　　　　　　图10-110 选择酒杯酒瓶

17 回到"KTV"图层，按Ctrl+J快捷键，拷贝出新图层，命名为"酒杯"，如图10-111所示。

18 按Ctrl+M快捷键，执行"曲线"命令，在弹出的"曲线"对话框中设置参数，如图10-112所示。

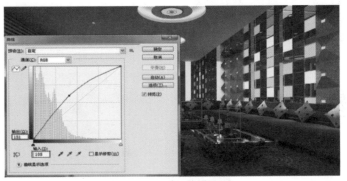

图10-111 拷贝新图层　　　　　图10-112 曲线编辑器调整

19 按Ctrl+L快捷键，执行"色阶"命令，在弹出的"色阶"对话框中设置参数，效果如图10-113所示。

20 选择"彩通"图层的青灰色区域，如图10-114所示。

图10-113 设置色阶参数　　　　　　图10-114 选择青灰色区域

21 返回"KTV"图层，按Ctrl+J快捷键，拷贝出新图层，命名为"沙发"，如图10-115所示。

22 按Ctrl+L快捷键，执行"色阶"命令，在弹出的"色阶"对话框中设置参数，效果如图10-116所示。

图10-115 拷贝沙发图层　　　　　　图10-116 色阶效果调整

23 选择"魔棒工具" 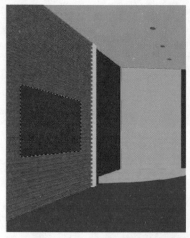，选择彩通图中的显示器所在的区域，如图10-117所示。

24 返回"KTV"图层，按Ctrl+J快捷键，拷贝出新图层，命名为"显示器"，如图10-118所示。

25 执行"图像"|"调整"|"亮度/对比度"命令，在弹出的"亮度/对比度"对话框中设置参数，如图10-119所示。

图10-117 选择显示器区域

图10-118 拷贝显示器

图10-119 亮度/对比度调整

26 选择"彩通"图层的紫色区域，如图10-120所示。

27 返回"KTV"图层，按Ctrl+J快捷键，拷贝出新图层，命名为"地面"，如图10-121所示。

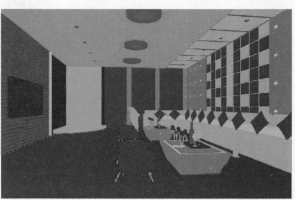
图10-120 选择紫色区域

图10-121 拷贝出地面区域

28 按Ctrl+M快捷键，执行"曲线"命令，在弹出的"曲线"对话框中设置参数，降低地面的亮度，如图10-122所示。

29 按Ctrl+L快捷键，执行"色阶"命令，在弹出的"色阶"对话框中设置参数，效果如图10-123所示。

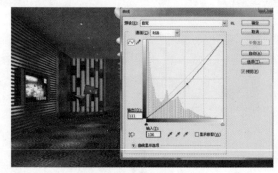
图10-122 曲线编辑器调整

图10-123 "色阶"对话框

10.3.3 为KTV效果图添加配景

01 按Ctrl+O快捷键，打开"火焰.jpg"文件，如图10-124所示。

02 选择"移动工具"，将火焰移动到当前操作窗口中，命名为"火焰"，并设图层混合模式为滤色，如图10-125所示。

图10-124 火焰

图10-125 移动火焰至当前操作窗口

03 按Ctrl+T快捷键，进入"自由变换"状态，调整其位置及大小，如图10-126所示。

04 选中"火焰"图层，按住Alt键不放，移动并拷贝火焰，效果如图10-127所示。

图10-126 调整火焰的大小

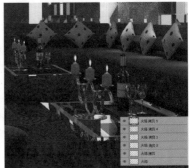

图10-127 拷贝火焰

10.3.4 调整画面的整体效果

01 选择图层面板最顶部的图层，按Ctrl+Alt+Shift+E快捷键，盖印可见图层。

02 按Ctrl+M快捷键，执行"曲线"命令，在弹出的"曲线"对话框中设置参数，调整整体画面的亮度，如图10-128所示。

03 执行"滤镜"|"模糊"|"高斯模糊"命令，在弹出的"高斯模糊"对话框设置参数，效果如图10-129所示。

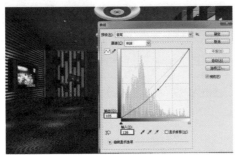

图10-128 曲线编辑器

图10-129 高斯模糊

04 调整"盖印图层"的不透明度为60%，如图10-130所示。

05 整体画面调整后的最终效果如图10-131所示。

图10-131 最终效果

图10-130 调整图层不透明度

10.4 酒店大堂效果图后期处理

酒店大堂效果图的设计制作追求的是高贵典雅、富丽堂皇的视觉效果，所有的处理内容，包括室内墙壁、地板、天花板、装饰墙的颜色，以及添加的吊灯、射灯等装饰灯光，大都以金黄色调为主，以渲染氛围、烘托气氛。

这里以如图10-132所示的酒店大堂为例，重点讲解通过颜色和色调调整，营造酒店大堂气氛的方法。

图10-132 酒店大堂渲染效果

10.4.1 酒店大堂效果图整体色调调整

首先仔细观察酒店大堂渲染图的渲染效果，色调偏灰，颜色偏冷，需要在提高亮度的同时，增加暖色调。

01 启动Photoshop CC软件，执行"文件"|"打开"命令，打开"酒店.tga"及"酒店通道.tga"文件，如图10-133所示。

图10-133 渲染图及通道图

02 选择"移动工具" ，按住Shift键的同时将"酒店通道.tga"文件拖曳到"酒店.tga"图片中，并将其所在的图层命名为"彩通"，如图10-134所示。

03 单击"彩通"图层前方的 按钮，隐藏"彩通"图层，如图10-135所示。

图10-134 移动彩通图

图10-135 隐藏通道图层

04 选中"酒店"图层，按Ctrl+L快捷键，执行"色阶"命令，在弹出的"色阶"对话框中设置各项参数，如图10-136所示。

05 执行"图像"|"调整"|"亮度/对比度"命令，在弹出的"亮度/对比度"对话框中设置参数，如图10-137所示。

06 按Ctrl+B快捷键，执行"色彩平衡"命令，在弹出的"色彩平衡"对话框中设置各项参数，增加图像的暖色调，如图10-138所示。

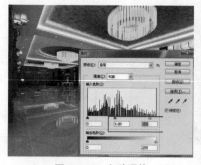

图10-136 色阶调整

图10-137 亮度/对比度调整

图10-138 增加暖色调

10.4.2　酒店大堂效果图的局部刻画

　　前面对酒店大堂效果图的整体色调作了大体调整，已经把画面的大环境把握住了。下面将逐一刻画场景中不理想的每个局部，以使画面达到最佳效果。

01 选择"彩通"图层为当前图层，按W键进入"魔棒工具" ，在图像中选择代表吊灯顶部的黄色区域，如图10-139所示。

02 单击"彩通"图层前方的 👁 按钮，隐藏"彩通"图层，回到"酒店"图层，按Ctrl+J快捷键，拷贝选区内容，命名为"吊顶"，如图10-140所示。

图10-139　选择黄色区域

图10-140　拷贝选区内容

03 按Ctrl+M快捷键，执行"曲线"命令，在弹出的"曲线"对话框中设置参数，如图10-141所示。

04 按Ctrl+B快捷键，执行"色彩平衡"命令，在弹出的"色彩平衡"对话框中设置参数，如图10-142所示。

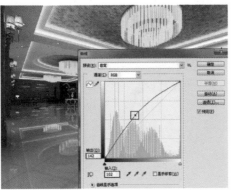

图10-141　曲线调整吊顶

图10-142　色彩平衡对话框

05 在"彩通"图层，选择"魔棒工具" ，选择青色的区域，如图10-143所示。

06 回到"酒店"图层，按Ctrl+J快捷键，拷贝选区内容，命名为"灯池"，如图10-144所示。

07 按Ctrl+B快捷键，执行"色彩平衡"命令，在弹出的"色彩平衡"对话框中设置参数，增加灯池的暖色调，如图10-145所示。

图10-143　选择青色区域

图10-144　拷贝青色区域

图10-145　增加灯池暖色调

08 在"彩通"图层，选择"魔棒工具" 🪄，选择深紫色的区域，如图10-146所示。

09 单击"彩通"图层前方的 👁 按钮，隐藏"彩通"图层，回到"酒店"图层，按Ctrl+J快捷键，拷贝选区内容，命名为"墙"，如图10-147所示。

10 按Ctrl+M快捷键，执行"曲线"命令，在弹出的"曲线"对话框中设置参数，增加墙体的亮度，如图10-148所示。

图10-146 选择深紫色区域

图10-147 拷贝图层

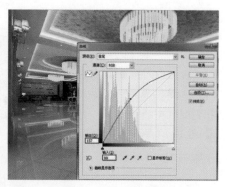
图10-148 曲线调整

11 按Ctrl+B快捷键，执行"色彩平衡"命令，在弹出的"色彩平衡"对话框中设置参数，增加墙体的暖色调，如图10-149所示。

12 在"彩通"图层，选择"魔棒工具" ，选择浅蓝色的区域，如图10-150所示。

13 将"彩通"图层隐藏，回到"酒店"图层，按Ctrl+J快捷键，拷贝选区内容，命名为"柱子"，如图10-151所示。

图10-149 增加暖色调

图10-150 选择浅蓝色区域

图10-151 拷贝新图层

14 按Ctrl+M快捷键，执行"曲线"命令，在弹出的"曲线"对话框中设置参数，调整柱子的亮度，如图10-152所示。

15 按Ctrl+B快捷键，执行"色彩平衡"命令，在弹出的"色彩平衡"对话框中设置参数，增加柱子的暖色调，如图10-153所示。

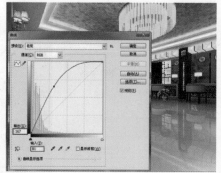
图10-152 调整柱子的亮度

图10-153 增加柱子的暖色调

16 在"彩通"图层，选择"魔棒工具" ，选择花盆所在的区域，如图10-154所示。

17 隐藏"彩通"图层，回到"酒店"图层，按Ctrl+J快捷键，拷贝选区内容，命名为"花盆"，如图10-155所示。

18 重复按Ctrl+J快捷键，拷贝出一个花盆图层，命名为"倒影"，如图10-156所示。

图10-154 选择花盆所在的区域　　　　图10-155 拷贝选区　　　　图10-156 拷贝倒影图层

19 按Ctrl+[快捷键，将"倒影"图层调整至"花盆"图层的下方，如图10-157所示。

20 按Ctrl+T快捷键，进入"自由变换"状态，单击鼠标右键，选择"垂直翻转"选项，如图10-158所示。

图10-157 修改图层次序　　　　图10-158 垂直翻转

21 将倒影移动至合适位置，修改图层不透明度为30%，如图10-159所示。

22 选择"橡皮擦工具" 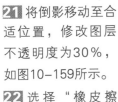，擦出倒影边缘与地面衔接生硬的地方，如图10-160所示。

图10-159 修改图层不透明度　　　　图10-160 擦出边缘

10.4.3 为酒店大堂效果图添加配景

前面说过，室内效果图的配景素材一般包括植物、装饰品、户外风景等，这里将为场景添加一些植物和人物配景。

01 执行"文件"|"打开"命令，打开"植物和人物.psd"文件，如图10-161所示。

02 选择"移动工具" ，将黑衣西装人物移动到当前操作窗口中，命名为"西装男"，如图10-162所示。

图10-161 植物以及人物　　　　图10-162 移动人物至当前操作窗口

03 按Ctrl+T快捷键，进入"自由变换"状态，调整人物的位置及大小，如图10-163所示。

04 按Ctrl+B快捷键，执行"色彩平衡"命令，在弹出的"色彩平衡"对话框中设置参数，给人物添加些许暖色调，如图10-164所示。

图10-163 调整人物大小

图10-164 给人物增加暖色调

05 选择"西装男"图层为当前图层，按Ctrl+J快捷键，拷贝出一个图层，命名为"倒影"，如图10-165所示。

06 按Ctrl+[快捷键，将"倒影"图层调整至"西装男"图层的下方，如图10-166所示。

07 按Ctrl+T快捷键，进入"自由变换"状态，单击鼠标右键，选择"垂直翻转"选项，如图10-167所示。

图10-165 拷贝图层

图10-166 图层次序调整

图10-167 垂直翻转

08 移动"倒影"图层至合适位置，修改图层的不透明度为30%，如图10-168所示。

09 使用相同的办法添加场景中的其他人物，效果如图10-169所示。

图10-168 调整图层不透明度

图10-169 添加其他人物

10 选择"移动工具"，将植物移动到当前操作窗口中，如图10-170所示。

11 按Ctrl+T快捷键，进入"自由变换"状态，调整人物的位置及大小，如图10-171所示。

图10-170 移动植物至当前操作窗口

图10-171 调整植物的大小

12 按Ctrl+B快捷键，执行"色彩平衡"命令，在弹出的"色彩平衡"对话框中设置参数，给植物添加些许暖色调，如图10-172所示。

13 选择"植物"图层为当前图层，按Ctrl+J快捷键，拷贝出一个图层，命名为"倒影"，如图10-173所示。

14 按Ctrl+[快捷键，将"倒影"图层调整至"植物"图层的下方，如图10-174所示。

图10-172 给植物添加暖色调

图10-173 拷贝植物图层

图10-174 图层次序调整

15 按Ctrl+T快捷键，进入"自由变换"状态，单击鼠标右键，选择"垂直翻转"选项，如图10-175所示。

16 移动"倒影"图层至合适位置，修改图层的不透明度为30%，如图10-176所示。

17 选择"橡皮擦工具" ，擦除倒影边缘与地面衔接生硬的地方，如图10-177所示。

18 使用同样的方法，添加其他植物，添加完植物后的最终效果如图10-178所示。

图10-175 垂直翻转

图10-176 修改图层不透明度

图10-177 擦除生硬边缘

图10-178 最终效果

11 Chapter

建筑效果图后期处理

　　室外建筑效果图后期处理的基本思路是：从整体到局部，再到整体。从整体到局部，要求我们对建筑设计构思有一个大方向的把握，例如有的建筑是住宅楼，有的是学校，有的是临街的商业楼，有的是体育场所，那么我们就要根据建筑的本身用途来选取适当的素材制作效果图。大的方向把握好了，局部就是放置适当的素材，调整大小、位置、方向、色彩等，最后又要回到整体，查看整个构图，调整整幅效果图的色彩平衡、亮度/对比度以及色相/饱和度等。

　　本章通过大型日景透视效果图后期处理综合案例，分别讲解不同性质、不同类型的日景效果图的后期处理思路和方法，以及相关的技巧。

11.1 别墅效果图后期处理

　　与其他的建筑类型相比，别墅的特殊性主要表现在因地制宜、巧妙地利用地形组织室内外空间，建筑与环境紧密结合。别墅既是欣赏大自然的场所，同时也成为自然风景的一部分。

　　在进行后期处理之前，首先要了解一下建筑的风格。德式建筑简洁大气，法式建筑呈现出浪漫典雅的风格，而地中海建筑风格以清新明快为主，极富质感的泥墙陶瓷花瓶、摇曳的棕榈树，露天就餐台体现地中海人悠闲和淳朴的生活方式。

　　别墅处理前后效果对比如图11-1所示。

　　在3ds Max 渲染输出时，一般都会渲染输出一幅效果图和一幅材质通道图，如图11-2所示。这样做的目的是为了解决在建筑后期处理过程中，常遇到的选区复杂的问题，而通过材质通道，可以轻松选取各个材质区域，从而为后期处理工作节省了时间和精力。

图11-1 别墅处理前后的效果对比

图11-2 材质通道图

11.1.1 分离背景

01 运行Photoshop CC软件，调入别墅渲染效果图和材质通道图，图层关系如图11-3所示。

02 选择"通道"图层，选择"魔棒工具" 🔧，选取图层中的天空区域，再切换到"建筑"图层，虚线部分表示天空区域已经被选取，如图11-4所示。

03 按Ctrl+Shift+J快捷键，将天空和建筑分离开来，按Delete键，删除分离出来的天空图层，如图11-5所示。

图11-3 图层关系

图11-4 选取示意图

图11-5 天空分离效果

11.1.2 添加天空背景

01 按Ctrl+O快捷键，打开"天空背景"素材，如图11-6所示。

02 选择"移动工具" ⊹，移动"天空背景"图像至别墅效果图操作窗口，如图11-7所示。

图11-6 天空背景

图11-7 移动至当前窗口

03 调整图层叠加顺序，将其置于"建筑"图层的下方，如图11-8所示。

04 按Ctrl+T快捷键，进入"自由变换"状态，调整大小，使其布满整个天空区域，如图11-9所示。

图11-8 调整图层次序　　　　　图11-9 自由变换

11.1.3　添加远景

01 按Ctrl+O快捷键，打开"远景素材.psd"图片，如图11-10所示。

02 选择"移动工具" ，将选定的远景素材移动到当前操作窗口中，如图11-11所示。

图11-10 远景素材　　　　　图11-11 移动至当前操作窗口

03 按Ctrl+T快捷键，进入"自由变换"状态，调整其位置及大小，如图11-12所示。

04 调用"变换"命令，调整素材的位置及方向，添加后的效果如图11-13所示。

图11-12 自由变换　　　　　图11-13 添加远景

11.1.4　添加草皮

01 按Ctrl+O快捷键，打开"草地素材"图片，如图11-14所示。

02 选择"套索工具" ，设置工具选项栏中的羽化为10，选择山体部位素材，如图11-15所示。

03 选择"移动工具" ，将选定的远景素材移动到当前操作窗口中，如图11-16所示。

 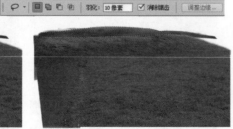 

图11-14 草地素材　　　　　图11-15 选择草地　　　　　图11-16 移动至当前操作窗口

04 按Ctrl+T快捷键，进入"自由变换"状态，调整其大小及位置，如图11-17所示。

05 使用同样的方法，将草地区域覆盖，效果如图11-18所示。

图11-17 自由变换

图11-18 覆盖草地区域

11.1.5 添加中景

01 按Ctrl+O快捷键，打开"中景素材.psd"图片，如图11-19所示。

02 选择树木所在的图层，选择"移动工具" ，选定中景树木素材，将其移动到当前操作窗口中，如图11-20所示。

图11-19 中景素材

图11-20 添加树木

03 按Ctrl+T快捷键，进入"自由变换"状态，调整其大小及位置，如图11-21所示。

04 选择灌木所在的图层，选择"移动工具" ，选定中景灌木素材，移动到当前操作窗口，如图11-22所示。

图11-21 调整大小

图11-22 移动素材

05 按Ctrl+T快捷键，进入"自由变换"状态，调整其大小及位置，如图11-23所示。

06 使用同样的方法，制作出中景的植物，制作中景植物后的效果如图11-24所示。

图11-23 自由变换

图11-24 制作中景

11.1.6 添加水面

从原来渲染的效果图可以看出，黄色部分是一个水湖，需要找一张有水面的图片进行裁切，得到需要的部分，放在图中合适的位置，将水面和陆地的分割线进行定位。

01 按Ctrl+O快捷键，打开"水面素材.jpg"图片，如图11-25所示。

图11-25 水面素材

02 选择"移动工具" ，选定水面素材，移动到当前操作窗口中，如图11-26所示。

03 调整图层叠加次序，将其置于"建筑"图层的上方，如图11-27所示。

图11-26 移动水面至当前窗口

图11-27 调整图层次序

04 按Ctrl+T快捷键，进入"自由变换"状态，调整大小，使其布满整个水面区域，如图11-28所示。

05 选中"彩色通道"图层，选择"魔棒工具" ，选择水面所在的区域，如图11-29所示。

图11-28 自由变换

图11-29 选择水面区域

06 返回"水面素材"图层，单击图层面板底部的"添加图层蒙版" ，效果如图11-30所示。

图11-30 添加快速蒙版

11.1.7 添加近景

前面完成了天空、远景和中景的添加，但整个效果图的景深还没有完全表现出来，也就是透视效果还只达到了远的效果，而深的效果还远远不够，这就需要通过添加近景来弥补这一不足。

01 按Ctrl+O快捷键，打开"近景素材"图片，如图11-31所示。

02 选择"移动工具" ，选定近景树木素材，移动到当前操作窗口中，如图11-32所示。

图11-31 近景素材

图11-32 添加素材

03 按Ctrl+T快捷键，进入"自由变换"状态，调整大小，将其放在合适位置上，如图11-33所示。

04 选中"彩色通道"图层，选择"魔棒工具" ，选择左边的建筑，再按Ctrl+Shift+I快捷键，反选建筑，如图11-34所示。

图11-33 自由变换

图11-34 选择建筑

05 返回近景树木图层，单击图层面板底部的"添加图层蒙版"按钮 ，效果如图11-35所示。

06 选择"移动工具" ，选定近景水岸素材，将其移动到当前操作窗口中，如图11-36所示。

图11-35 添加蒙版

图11-36 移动素材

07 按Ctrl+T快捷键，进入"自由变换"状态，调整大小，将其放在合适位置上，如图11-37所示。

图11-37 自由变换

08 选择"套索工具" ，选取多余部分，按Delete键删除，如图11-38所示。

09 使用同样的方法把近景的其他植物种植完，效果如图11-39所示。

图11-38 删除多余部分

图11-39 种植其他植物的效果

11.1.8 制作水面倒影

临近水源的建筑物一般都是有倒影的，因此还需要进行建筑物倒影的制作。

01 打开图层面板，选择颜色材质通道图层，选择"魔棒工具" ，选择非建筑部分，如图11-40所示。

02 按Ctrl+Shift+I快捷键反选选区，切换到"建筑"图层，隐藏颜色材质通道图层，如图11-41所示。

图11-40 选区示意图

图11-41 选取建筑物

03 按Ctrl+J快捷键，拷贝选区，再按Ctrl+T快捷键，进入"自由变换"状态，单击鼠标右键，选择"垂直翻转"选项，如图11-42所示。

04 调整拷贝图层的顺序，将其置于水面图层的上方，调整至合适的位置，如图11-43所示。

图11-42 自由变换

图11-43 调整图层次序

05 在颜色材质通道图层，选择水面所在的区域，返回拷贝图层，单击图层面板底部的"添加图层蒙版" ，调整图层的不透明度为30%，如图11-44所示。

06 选择"水岸石"图层，按Ctrl+J快捷键，拷贝一个图层，命名为"水岸石倒影"，如图11-45所示。

图11-44 建筑倒影的制作效果

图11-45 复制图层

07 再按Ctrl+T快捷键，进入"自由变换"状态，单击鼠标右键，选择"垂直翻转"选项，如图11-46所示。

图11-46 垂直翻转

08 调整拷贝图层的顺序，将其置于水岸石图层的下方，调整至合适位置，如图11-47所示。

图11-47 调整图层顺序

09 调整图层的不透明度为50%，如图11-48所示。

10 使用相同的方法，制作其他植物的倒影，效果如图11-49所示。

图11-48 更改图层的不透明度

图11-49 制作其他倒影的效果

11.1.9 配景调整

整个画面基本上已经成型，但纵观全图，总觉得还差点什么。在一幅图中，除了自然景观之外，还应该有人或动物，这样动静结合，会使画面更有感染力，起到画龙点睛的作用。人物的添加比较简单，只要注意影子的方向和大小比例，以及在阳光下和在阴影里设置不同的饱和度就可以了。

01 按Ctrl+O快捷键，打开"人物和动物素材.psd"图片，如图11-50所示。

02 选择"移动工具" ，选择适当的人物，移动至当前操作窗口中，如图11-51所示。

图11-50 人和动物素材

图11-51 添加人物

03 再按Ctrl+T快捷键，进入"自由变换"状态，调整其大小，如图11-52所示。

04 使用相同的方法，制作其他的人物及动物，如图11-53所示。

图11-52 自由变换

图11-53 添加人物和动物的效果

11.1.10　光线调整

在自然界中，如果没有光就不会有五彩缤纷的色彩，所以光的作用不容忽视，在效果图处理中，它也一直是细节处理的一个重要方面。

在本书中已经讲到过光线的表现方法。在本例中，只要将建筑物该表现的高光部分提亮，暗部降低其亮度即可。

01 按Ctrl+Shift+Alt+E快捷键，盖印可见图层，再按Ctrl+L快捷键，在弹出的"色阶"对话框中调整效果图的明暗对比，如图11-54所示。

02 调整光线的前后对比效果，如图11-55所示。

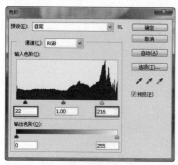

图11-54 "色阶"对话框

图11- 55 光线调整的前后对比

11.1.11　最终色彩调整

在添加了天空、植物、人物等大量配景之后，会使整个图像呈现丰富多彩的颜色和色调变化。为了使整个画面的颜色和色调保持统一，需要添加颜色和色调调整图层，从而进行整体调整。

打开图层面板，单击"创建新的填充或调整图层"按钮 ，选择"色彩平衡"选项，为图像增加暖色，调整参数如图11-56所示。

用同样的方法，设置图像的亮度/对比度、色相/饱和度参数，以及曲线调

图11-56 色彩平衡命令

整。这样调整的好处是，调整层是以独立的图层存在的，影响到的是全图的色彩变化。

11.1.12 调整最终构图

画面的长宽比要适合建筑的体型和形象特征，本别墅建筑总体构图扁平，宜选用横向画幅，高耸的建筑则宜多用竖向画幅。

在图层调板顶端新建一个图层，使用"矩形选框工具" 中 ，选择画面中需要裁剪的多余区域并填充黑色，调整整个画面的构图，如图11-57所示。

图11-57 调整构图后的别墅最终效果

11.2 住宅小区效果图后期处理

小区是一个群体性建筑，常采用阵列式的布局，周围环境以灌木、花草为主，选择四季常青的树木种植在建筑的周边，除了美化环境，还能遮挡阳光、吸走灰尘、净化空气等。这样的小区通常环境优雅、四季如春、非常适合人们居住。

本节通过具体的实例讲述小区环境设计与表现的后期处理技法。处理之前和处理之后的效果对比如图11-58和图11-59所示。

图11-58 处理前

图11-59 处理后

11.2.1 分离天空背景

01 启动Photoshop CC软件，按Ctrl+O快捷键，打开"住宅小区渲染图.jpg"，如图11-60所示。

02 按Ctrl+O快捷键，打开"住宅小区彩色通道图.jpg"，如图11-61所示。

03 选择"移动工具" ，按住Shift键，移动彩色通道图层至当前操作窗口，如图11-62所示。

图11-60 住宅小区渲染效果

图11-61 彩色通道图

图11-62 合并通道图层

04 选择"魔棒工具" ，在彩色通道图层选择蓝色的天空区域，如图11-63所示。

05 返回"渲染"图层，按Delete键删除天空，效果如图11-64所示。

图11-63 选择天空区域

图11-64 删除天空

11.2.2 添加天空背景

01 按Ctrl+O快捷键，打开"天空.jpg"素材，如图11-65所示。

图11-65 天空素材

02 选择"移动工具" ，拖动天空图像到效果图操作窗口，如图11-66所示。

03 按Ctrl+T快捷键调整大小，使之铺满整个天空区域，再按回车键确认调整。调整图层的叠放顺序，将其置于"渲染"图层的下方，如图11-67所示。

图11-66 添加天空

图11-67 自由变换天空大小

11.2.3 添加远景

01 按Ctrl+O快捷键，打开远景素材，如图11-68所示。

02 选择"移动工具" ，将远景素材移动到当前操作窗口中，如图11-69所示。

图11-69 移动远景素材至当前操作窗口

图11-68 远景素材

03 按Ctrl+T快捷键，进入"自由变换"状态，调整好大小和位置，再按Enter键确认，如图11-70所示。

04 将远景建筑所在图层的"不透明度"设置为70%，制造相隔很远的感觉，如图11-71所示。

图11-70 调整远景素材的大小

图11-71 设置不透明度

11.2.4 添加草地

01 按Ctrl+O快捷键，打开"草地素材.png"图片，如图11-72所示。

图11-72 草地素材

02 选择"移动工具" ，将选定的远景素材移动到当前操作窗口中，如图11-73所示。

03 按Ctrl+T快捷键，进入"自由变换"状态，调整其大小及位置，如图11-74所示。

图11-73 添加草地

图11-74 调整草地的大小

04 选中彩色通道图层，选择"魔棒工具" ，选择草地所在的区域，如图11-75所示。

05 返回"草地"图层，单击图层面板底部的"添加图层蒙版"按钮 ，为草地添加图层蒙版，效果如图11-76所示。

图11-75 选择草地所在的区域

图11-76 添加图层蒙版

11.2.5 添加中景

01 按Ctrl+O快捷键，打开"中景素材.psd"图片，如图11-77所示。

02 选择树木所在的图层，选择"移动工具" ，选定中景树木素材，移动到当前操作窗口，如图11-78所示。

图11-77 中景素材

图11-78 添加素材

03 按Ctrl+T快捷键，进入"自由变换"状态，调整其大小及位置，如图11-79所示。

04 选中彩色通道图层，选择"魔棒工具" ，选择临近的建筑区域，再按Ctrl+Shift+I快捷键，反选建筑，如图11-80所示。

图11-79 自由变换素材大小

图11-80 选择建筑

05 返回树木图层，单击图层面板底部的"添加图层蒙版"按钮 ◙ ，为树木图层添加蒙版，效果如图11-81所示。

06 使用同样的方法种植其他的中景植物，效果如图11-82所示。

图11-81 添加快速蒙版

图11-82 种植其他中景植物

11.2.6 添加水面

01 按Ctrl+O快捷键，打开"水面素材.jpg"图片，如图11-83所示。

图11-83 水面素材

02 选择"移动工具" ，选定中景树木素材，移动到当前操作窗口中，如图11-84所示。

03 调整图层的叠加顺序，将其置于"渲染"图层的上方，如图11-85所示。

图11-84 移动水面至当前操作窗口

图11-85 调整图层叠加次序

04 选中"彩色通道"图层，选择"魔棒工具" ，选择水面所在的区域，如图11-86所示。

05 返回"水面"图层，单击图层面板底部的"添加图层蒙版"按钮 ，效果如图11-87所示。

图11-86 选择水面区域

图11-87 添加快速蒙版

11.2.7 添加近景

01 按Ctrl+O快捷键，打开"近景素材.psd"图片，如图11-88所示。

02 选择"移动工具" ，选定近景绿篱素材，移动到当前操作窗口中，如图11-89所示。

图11-88 近景素材

图11-89 移动近景素材

03 按Ctrl+T快捷键，进入"自由变换"状态，调整大小，将其放在合适位置上，如图11-90所示。

04 使用同样的方法把近景的其他植物种植完，效果如图11-91所示。

图11-90 自由变换

图11-91 种植其他近景植物

11.2.8 制作水面倒影

我们都知道临近水源的建筑或植物，一般都是有倒影的，所以在本例中，还需要对水面进行建筑物倒影的制作。

01 打开图层面板，选择彩色通道图层，选择"魔棒工具" ，选择建筑部分，如图11-92所示。

02 返回"渲染"图层，按Ctrl+J快捷键，拷贝选区，再按Ctrl+T快捷键，进入"自由变换"状态，单击鼠标右键，选择"垂直翻转"选项，如图11-93所示。

图11-92 选择建筑

图11-93 垂直翻转

03 调整拷贝图层的图层顺序，将其置于水面图层的上方，调整至合适位置，如图11-94所示。

04 在颜色材质通道图层，选择"魔棒工具" ，选择水面所在的区域，如图11-95所示。

图11-94 调整图层的叠加次序

图11-95 选择水面图层

05 返回倒影图层，单击"添加图层蒙版"按钮 ▣ ，为图层添加图层蒙版，调整图层的不透明度为 30％，如图11-96 所示。

06 选择"水岸石"图层，按Ctrl+J快捷键，拷贝一个图层，命名为"水岸石倒影"，如图11-97所示。

图11-96 添加快速蒙版

图11-97 拷贝水岸石

07 再按Ctrl+T快捷键，进入"自由变换"状态，单击鼠标右键，选择"垂直翻转"选项，如图11-98所示。

08 调整拷贝图层的图层顺序，将其置于水岸石图层的下方，调整至合适位置，如图11-99所示。

图11-98 垂直翻转

图11-99 调整图层次序

09 调整图层的不透明度为50％，如图11-100所示。

10 使用相同的方法，制作其他植物的倒影，效果如图11-101所示。

图11-100 设置不透明度

图11-101 制作其他植物的倒影

11.2.9 配景调整

整个画面基本上已经成型，但在一幅图中，除了自然景观之外，还应该有人或动物，这样动静结合，会使画面更有感染力，起到画龙点睛的作用。人物的添加比较简单，只要注意影子的方向和大小比例，以及在阳光下和在阴影里设置不同饱和度就可以了。

01 按Ctrl+O快捷键，打开"人物和动物素材.psd"图片，如图11-102所示。

02 选择"移动工具" ▸⊕，选择适当的人物，移动至当前操作窗口中，如图11-103所示。

图11-102 人物和动物素材

图11-103 移动人物

03 再按Ctrl+T快捷键，进入"自由变换"状态，调整其大小，如图11-104所示。

04 使用相同的方法，制作其他的人物及动物，如图11-105所示。

图11-104 调整人物大小

图11-105 添加其他人物及动物

11.2.10 光线调整

在自然界中，如果没有光既不会有五彩缤纷的颜色，所以光的作用不容忽视，在效果图处理中，它也一直是细节处理的一个重要方面。

在本书中已经讲到过光线的表现方法。在本例中，只要将建筑物该表现的高光部分提亮，暗部降低其亮度即可。

01 按Ctrl+Shift+Alt+E快捷键，盖印可见图层，再按Ctrl+L快捷键，在弹出的"色阶"对话框中调整效果图的明暗对比，如图11-106所示。

图11-106 "色阶"对话框

02 调整光线的前后对比效果，如图11-107和图11-108所示。

图11-107 调整光线前

图11-108 调整光线后

11.2.11 最终色彩调整

在添加了天空、植物、人物等大量配景之后，会使整个图像呈现丰富多彩的颜色和色调变化。为了使整个画面的颜色和色调保持统一，需要添加"颜色和色调调整图层"进行调整。

打开图层面板，单击"创建新的填充或调整图层"按钮 ，选择"色彩平衡"选项，为图像增加暖色，参数如图11-109所示。

用同样的方法，设置图像的亮度/对比度、色相/饱和度参数，以及曲线调整，这样设置的好处是，调整层是以独立的图层存在的，影响到的是全图的色彩变化，效果如图11-110所示。

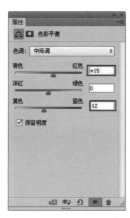

图11-109 色彩平衡面板

图11-110 设置色彩平衡后的效果

11.2.12　调整最终构图

　　画面的长宽比要适合建筑的体型和形象特征，本建筑宜选用横向画幅，高耸的建筑则宜多用竖向画幅。

　　在图层调板顶端新建一个图层，选择"矩形选框工具"，选择画面中需要裁剪的多余区域并填充黑色，调整整个画面的构图，如图11-111所示。

图11-111　最终效果

11.3　商业步行街效果图后期处理

　　在建筑效果图的后期处理中，相对来说简单的就是商业类效果图的制作，因为它本身牵涉的元素不是很多，不像别墅类和园林类牵涉的元素那么复杂，表现手法也没那么丰富，它强调的是商业气氛，也就是大家所熟悉的热闹气氛。所以只要通过元素表现出建筑构思的初衷即可。当然所有元素的存在都是以建筑主体为依托的，最终所表现的仍然是建筑主体，这一点在建筑后期处理中是不会改变的。

　　那么对于商业类效果图的选材，不外乎广告牌、广告类图片、展示橱窗、人物、汽车、树木、气球、彩旗等元素。只要恰当运用，同样能达到完美的艺术效果，给人余味不尽的享受。

　　接下来将以一个商业街效果图的制作，来揭示商业街效果图后期处理的精髓。首先来看一下初始效果图，如图11-112所示，后期处理完成的效果如图11-113所示。

图11-112　商业类建筑渲染效果

图11-113　最终效果图

11.3.1　添加天空

01 按Ctrl+O快捷键，打开"天空.jpg"素材，如图11-114所示。

02 选择"移动工具"，拖动天空图像到效果图操作窗口，按Ctrl+T键调整大小，使之铺满整个天空区域，再按Enter键确认。调整图层的叠放顺序，将其置于"建筑"图层的下方，如图11-115所示。

图11-114　天空背景

图11-115　添加天空背景

11.3.2　添加远景

01 按Ctrl+O快捷键，打开远景素材，选择"建筑素材.psd"图层，如图11-116所示。

02 选择"移动工具" ，将远景建筑素材移动到当前操作窗口中，按Ctrl+T快捷键，进入"自由变换"状态，调整好大小和位置，再按Enter键确认，如图11-117所示。

图11-116 远景建筑素材

图11-117 添加远景建筑

03 将远景建筑所在图层的"不透明度"设置为50%，制造出远方的感觉，如图11-118所示。

04 切换远景素材窗口，选择远景树木素材图层，如图11-119所示。

图11-118 调整不透明度

图11-119 远景树木素材

05 选择"移动工具" ，将远景树木素材移动到当前操作窗口中，按Ctrl+T快捷键，进入"自由变换"状态，调整好大小和位置，再按Enter键确认，如图11-120所示。

06 将远景树木所在图层的"不透明度"设置为90%，制造出远方的感觉，如图11-121所示。

07 选择"矩形选框工具" ，选择覆盖在柱子上的树木，再按Delete键删除，如图11-122所示。

图11-120 添加远景树木

图11-121 调整不透明度

图11-122 删除多余的树木

11.3.3 添加马路

01 按Ctrl+O快捷键，打开"马路.jpg"素材，如图11-123所示。

图11-123 马路素材

02 选择"移动工具" ![移动工具]，将马路素材移动到当前操作窗口中，按Alt键，拷贝一个马路，再将这两个马路素材铺满图中的马路所在的区域，如图11-124所示。

图11-124 铺马路素材

03 再使用"橡皮擦工具" ![橡皮擦工具]，擦掉两个马路素材的接缝部分，使之融合自然，如图11-125所示。

图11-125 擦掉马路素材融合不自然的部分

04 选中两个"马路"图层，按Ctrl+E快捷键，将两个马路素材图层合并为一个图层，如图11-126和图11-127所示。

图11-126 合并图层前　　　　　　图11-127 合并图层后

05 将"彩色通道图"图层置为当前图层，选择"魔棒工具" ![魔棒工具]，勾选工具选项栏中的"连续"复选框，如图11-128所示。单击彩色通道图层的马路区域，建立如图11-129所示的选区。

图11-128 勾选"连续"复选框

图11-129 建立马路选区

06 将当前图层切换到"马路"图层，单击图层面板底部的"添加图层蒙版"按钮 ![添加图层蒙版]，建立选区蒙版，效果如图11-130所示。

图11-130 添加马路

07 按Ctrl+B快捷键，对马路图层进行色彩平衡调整，效果如图11-131所示。

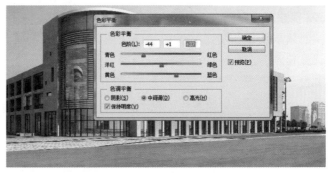

08 再制作马路的中线。将"彩色通道图"图层置为当前图层，选择"魔棒工具" ，勾选工具选项栏中的"连续"复选框，单击通道图层的马路中线区域，注意在选取第2个黄色中线区域时，要按住Shift键进行加选，建立如图11-132所示的选区。

图11-131 调整马路颜色

图11-132 选取马路中线区域

09 将当前图层切换到"马路"图层，并将前景色设置为浅黄色，色值为"#e7f920"，按Alt+Delete快捷键进行填充，按Ctrl+D快捷键取消选择，效果如图11-133所示。

图11-133 添加马路中线

10 可以看出马路的颜色偏亮，需要将其调暗，按Ctrl+M快捷键，弹出"曲线"对话框，设置参数及效果如图11-134所示。

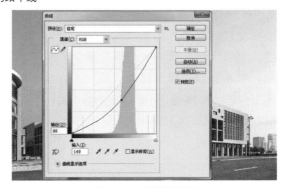

图11-134 调整明暗度

11.3.4 添加配景

1. 添加广告

广告往往是一幅商业效果图必不可少的元素，它是最能直接反映商业建筑类型的一类元素，因此它的使用在此类效果图中可谓是司空见惯的。它使用的好处在于：直接、美观，传递的商业信息丰富多样。接下来介绍如何在一幅商业类型效果图中添加广告。

01 按Ctrl+O快捷键，打开"广告.psd"素材，如图11-135所示。

02 选择"移动工具" ，移动广告图像到效果图操作窗口，按Ctrl+T快捷键调整其大小，再按Enter键确认。放到图中合适的位置，注意透视关系的把握，使之尽量看起来自然真实，如图11-136所示。

图11-135 广告素材　　　　图11-136 调整广告大小

03 按照同样的方法，把其余的广告放置到建筑窗户处。按住Shift键，单击各个广告图层，全部选中后，按Ctrl+E快捷键，将所有广告类的图层合并到一个图层，命名为"广告"图层，效果如图11-137所示。

图11-137 添加广告

04 将"彩色通道图"图层置为当前图层，选择"魔棒工具" ，勾选工具选项栏中的"连续"复选框，单击通道图层的白色窗户区域，注意在选取第2个窗户区域时，要按住Shift键进行加选，建立如图11-138所示的选区。

图11-138 建立窗户选区

05 单击"彩色通道图"图层前面的眼睛按钮 ，将"彩色通道图"图层隐藏，回到"广告"图层，单击图层面板底部的"添加图层蒙版"按钮 ，建立选区蒙版，效果如图11-139所示。

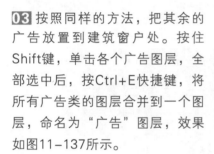
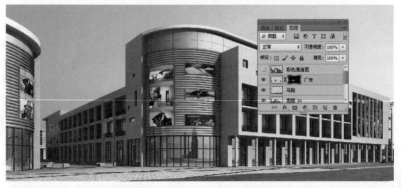

图11-139 添加广告图层蒙版

06 最后将图层的不透明度设置为70%，效果如图11-140所示。

图11-140 降低广告的不透明度

07 门面的招牌和橱窗的制作方法类似，这里就不赘述了，最后效果如图11-141所示。

图11-141 添加后的效果

2. 添加树木

01 按Ctrl+O快捷键，打开"树木.png"素材，如图11-142所示。

02 选择"移动工具" ，将树木素材移动到当前操作窗口，按Ctrl+T快捷键调整树的大小，再按Enter键确认，效果如图11-143所示。

图11-142 树木素材　　　　　图11-143 调整树木大小

03 按Ctrl+J快捷键，拷贝一棵树木，命名为"树影"，如图11-144所示。

04 按Ctrl+M快捷键，打开"曲线"对话框，将曲线输出值设置为"0"，效果如图11-145所示。

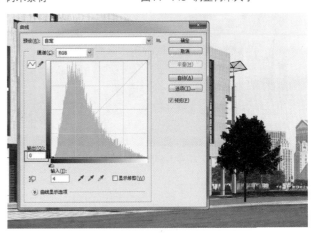

图11-144 制作树影图层　　　　图11-145 制作黑色树影

05 按Ctrl+[快捷键，将"树影"图层放置在"树"图层的下方，如图11-146所示。

06 按Ctrl+T快捷键，进入"自由变换"状态，调整其位置，如图11-147所示。

图11-146 调整图层顺序

图11-147 调整树影位置

07 更改"树影"图层的不透明度为50%，效果如图11-148所示。

08 按Ctrl+J快捷键拷贝，沿街道种植树木，注意树木之间的间隙，且不能遮挡住主要的建筑。使用同样的方法，制作剩下的树木及其他配景的影子，效果如图11-149所示。

图11-148 调整树影不透明度

图11-149 添加树木

3. 添加人群

01 按Ctrl+R快捷键，快速显示"标尺"，按住鼠标左键，拉一条人群的参考线，所有人群都将在这一水平线上，这样就对人群的高度有了一个简单初步的定位。

02 按Ctrl+O快捷键，打开"人群.psd"素材，将其移动到当前效果图操作窗口。按Ctrl+T快捷键，调整人群的大小，再按Enter键确认，如图11-150所示。

03 用同样的方法，添加其他的人群。在近处添加比例较大的人，远处添加比例较小的人，透视感觉就表现出来了，如图11-151所示。

图11-150 调整人群大小

图11-151 添加人群

4. 添加汽车

01 按Ctrl+O快捷键，打开"汽车.png"素材，如图11-152所示，选取几辆汽车，选择素材的时候要注意透视角度。

02 按Ctrl+T快捷键调整汽车的大小，再按Enter键确认，效果如图11-153所示。

图11-152 车辆素材

图11-153 调整车辆的大小

03 制作行驶中的车辆。选择车辆所在的图层，执行"滤镜"|"模糊"|"动感模糊"命令，参数及效果如图11-154所示。

04 按照同样的办法制作其余的车辆，效果如图11-155所示。

图11-154 制作行驶中的车辆

图11-155 添加车辆

11.3.5 画面补充

画面补充一般是在配景最后一步完成的，当发现画面还不够完善或还有些欠缺的时候。此幅效果图因为是临街的商业效果图，所以还需要加上一些路灯、广告牌、气球、彩旗等，以达到更丰富的画面效果，天空还可加上鸟群。

同样路灯、广告牌的添加依然也遵循透视规律，近大远小。添加后的效果图如图11-156所示。这样画面就丰富多了，也与实际生活比较相符。

图11-156 画面补充后的效果

11.3.6 调整光线

在后期处理时，基本上都会有光线上的调整，根据光线的方向、强弱的不同，表现手法也不尽相同，加强减弱没有很明确的定论，它只是一种现实的假设，所以稍微夸张也是允许的。

根据本例选择的背景，需要添加偏黄色的光线，它集中体现在建筑的右侧面，反光的玻璃和金属材质上。另外在处理光线的时候还应该注意，过于黑的面要提亮，光影变化要采取渐变过渡的方式，这样整个画面看起来才会柔和。

从配景添加完成的效果图中可以看出，建筑的右侧面看起来有点灰，建筑材质的质感得不到很好的体现，还需要进行光线的加强处理，制作出光线照射在建筑材质和玻璃上的反光效果。光线调整前后的效果对比如图11-157和图11-158所示。

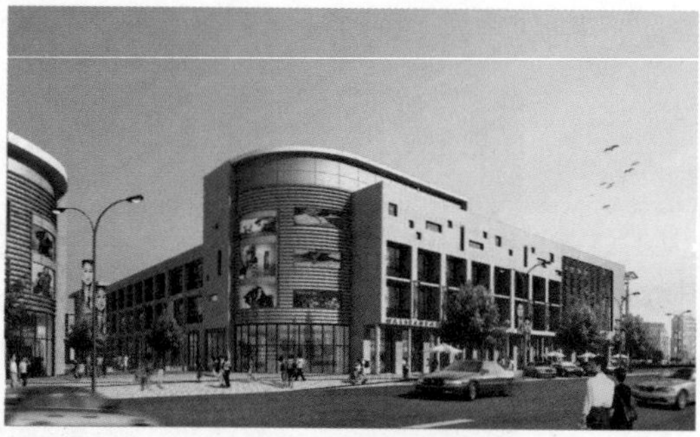

图11-157 光线调整前

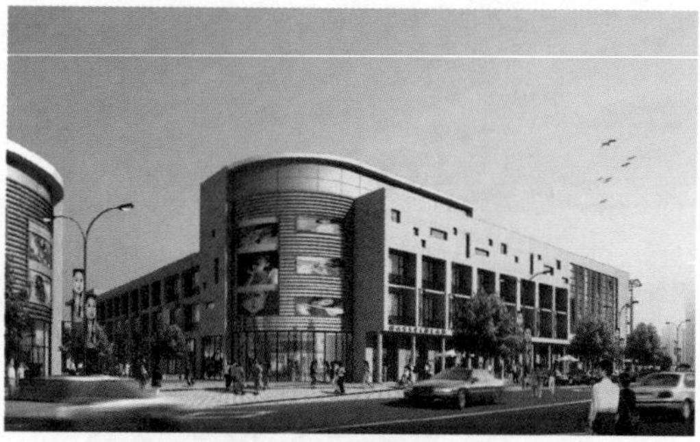

图11-158 光线调整后

01 切换到彩色通道图层，选择“魔棒工具”，选择该图层的红色区域，如图11-159所示。

02 隐藏彩色通道图层，选择“建筑”图层为当前图层，按Ctrl+J快捷键，拷贝上步选取的红色区域的拷贝图层，如图11-160所示。

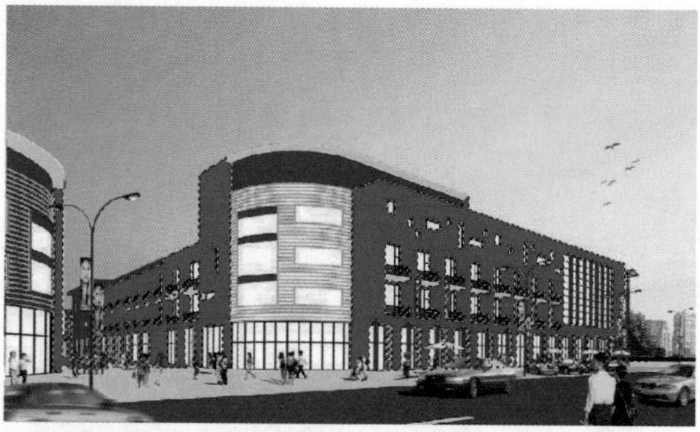

图11-159 选取彩色通道图中的红色区域

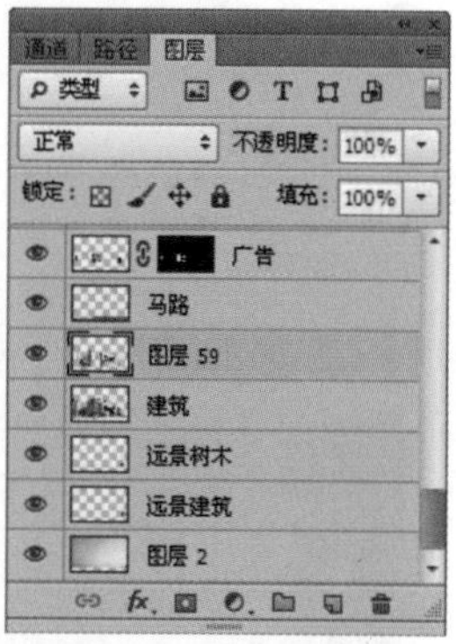

图11-160 建立拷贝图层

03 按Ctrl+L快捷键，弹出“色阶”对话框，将高光和暗调滑块向中间移动，整体增强图像的明暗对比，如图11-161所示。

04 调整色阶后的效果如图11-162所示。

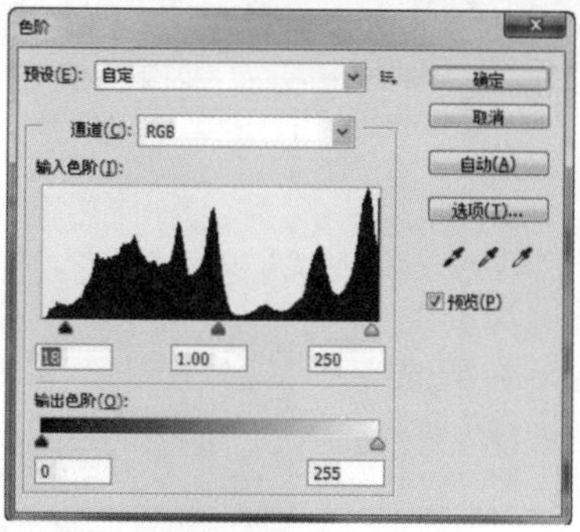

图11-161 色阶调整

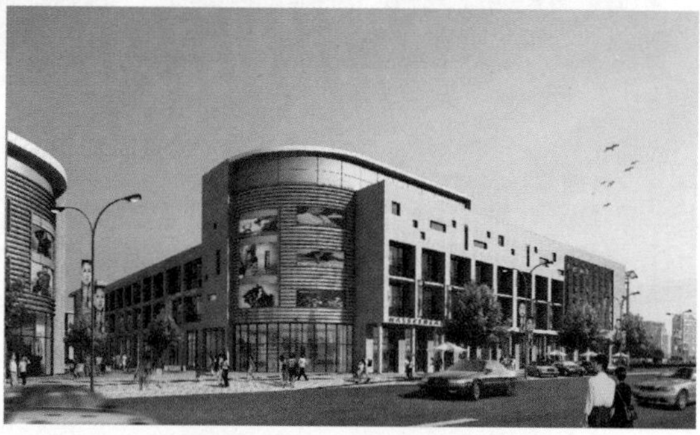

图11-162 调整色阶后

05 切换到彩色通道图层，选择“魔棒工具”，选择该图层的白色区域，即建筑的窗户部分，如图11-163所示。

06 隐藏彩色通道图层，选择“建筑”图层为当前图层，按Ctrl+J快捷键，拷贝窗户所在的区域，如图11-164所示。

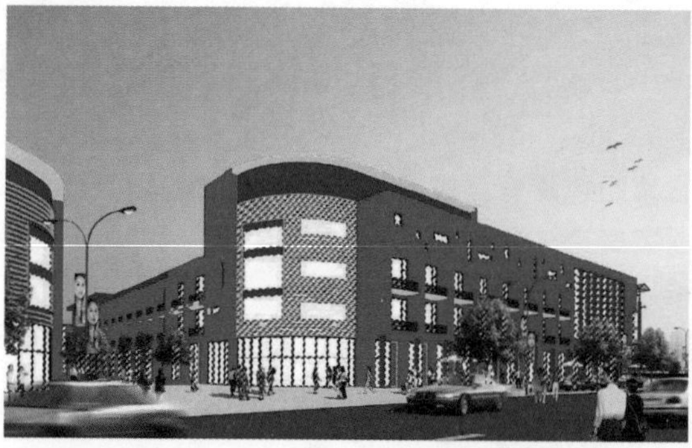

图11-163 选取彩色通道图中的白色区域

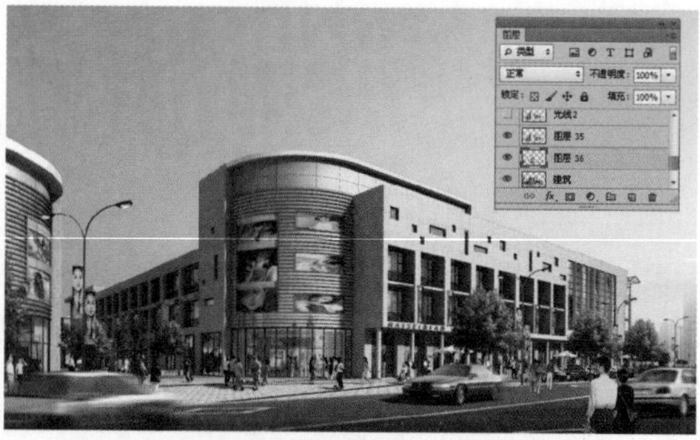

图11-164 建立窗户拷贝图层

07 按Ctrl+L快捷键，打开"色阶"对话框，将高光和暗调滑块向中间移动，整体增强图像的明暗对比，如图11-165所示。

08 调整色阶后的效果如图11-166所示。

图11-165 调整色阶　　　　　　　　　　图11-166 调整色阶后的效果图

11.3.7 调整构图

根据实际需要，选择裁剪工具，裁剪掉多余的图像，最终的效果如图11-167所示。

图11-167 最终效果图

景观效果图后期处理

　　将园林类作为单独的一类不是没有道理的，因为园林效果图有其自身的特性。园林是自然的一个空间境域，与文学、绘画有相异之处。园林意境寄情于自然景物及其综合关系之中，情生于境而又超于境，给感受者以余味或遐想的余地。

　　中国是四大文明古国之一，文化源远流长，园林艺术亦是中国文化的一脉，它与一般建筑不同的是，它不单纯只是一种物质环境，更是一种立体空间艺术品。是通过人工构筑手段加以组合的具有树木、山水、花草、建筑的空间艺术实体，讲究的是神、韵，表现的是山水典藏的非凡魅力。

12.1 社区公园效果图后期处理

景观制作在后期处理中是必不可少的一部分内容，也是后期处理人员一项必备的能力，本章以小景观的制作为例，来简单说明景观制作的基本方法。

首先来看"社区公园景观设计与表现"处理之前和处理之后的对比效果，如图12-1所示。

图12-1 社区公园景观处理前后效果对比

12.1.1 分离天空背景

01 3ds Max渲染出来的初始效果图和材质通道图分别如图12-2和图12-3所示。

图12-2 渲染初始效果图　　　　　　图12-3 材质通道图

02 打开通道面板，将"Alpha1"通道载入选区，回到初始图层，得到如图12-4所示的选区。

03 按Delete键，删除天空背景，得到透明"天空.jpg"图像，如图12-5所示。

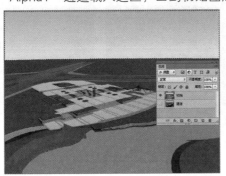

图12-4 天空选区　　　　　　图12-5 透明天空背景

04 按Ctrl+O快捷键，打开天空背景素材，如图12-6所示。

图12-6 天空素材

05 选择"移动工具" ，将天空素材移动到当前操作窗口中，按Ctrl+T快捷键，进入"自由变换"状态，调整好大小和位置，如图12-7所示。

图12-7 添加天空背景

12.1.2 添加草地

01 按Ctrl+O快捷键，打开"草地.jpg"素材，如图12-8所示。

02 选择"矩形框选工具" ，设置工具选项栏中的羽化参数为10像素，选择比较完整的草地，如图12-9所示。

图12-8 草地素材

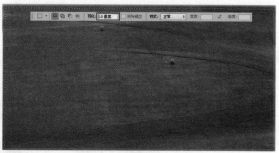

图12-9 设置羽化参数

03 将选择的草地素材移动到当前操作窗口中，将图层命名为"草地"，如图12-10所示。

04 按住Ctrl键，单击图层缩览图，将草地图层全选，按住Alt键不放，拖动鼠标，完成同一图层的草地复制，如图12-11所示。

图12-10 移动草地至当前窗口

图12-11 复制草地

05 单击"草地"图层前面的眼睛按钮 ，先将"草地"图层隐藏，再切换到材质通道图层，选择"魔棒工具" ，单击通道图层的红色区域，建立如图12-12所示的选区。

06 回到"草地"图层，再次单击眼睛按钮 ，使图层显示出来，单击图层面板底部的"添加图层蒙版"按钮 ，建立选区蒙版，将多余的草地隐藏起来，如图12-13所示。

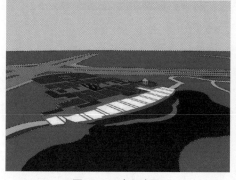

图12-12 建立选区

图12-13 添加蒙版

07 选择"仿制图章工具" ，将草地有明显接缝的地方修补好，草地修补前后效果对比如图12-14所示。

图12-14 草地修补前后对比

12.1.3 添加远景

01 按Ctrl+O快捷键，打开"远景.png"素材，如图12-15所示。

图12-15 远景素材

02 选择"移动工具" ，将远景素材移动到当前操作窗口中，命名为"远景"，如图12-16所示。

图12-16 移动远景素材至当前窗口

03 按Ctrl+T快捷键，进入"自由变换"状态，调整其大小及位置，再按Ctrl+[快捷键，将图层移动至初始与天空图层之间，如图12-17所示。

04 采用同一图层复制的方法，将远景布置好，效果如图12-18所示。

图12-17 自由变化

图12-18 远景添加效果

12.1.4 添加树木素材

01 按Ctrl+O快捷键，打开"树木.psd"素材，如图12-19所示。

02 选择"移动工具" ▶₊ ，将选择的树木移动到当前操作窗口中，如图12-20所示。

图12-19 树木素材

图12-20 添加树木

03 按Ctrl+T快捷键，进入"自由变换"状态，调整其大小及位置，如图12-21所示。

04 使用同样的方法，种植其他的树木，完成树木种植后的效果如图12-22所示。

图12-21 自由变换

图12-22 种植其他树木

12.1.5 添加矮植、灌木

01 按Ctrl+O快捷键，打开"灌木.psd"素材图片，如图12-23所示。

02 选择"移动工具" ▶₊ ，将选择的灌木素材移动到当前操作窗口中，如图12-24所示。

图12-23 灌木素材

图12-24 移动灌木至当前窗口

03 按Ctrl+T快捷键，进入"自由变换"状态，调整其大小及位置，如图12-25所示。

04 按住Ctrl键单击图层缩览图，将灌木载入选区，按住Alt键不放，拖动鼠标，完成同一图层的灌木复制，如图12-26所示。

图12-25 自由变换

图12-26 同层复制

05 选择"移动工具" ▶₊ ，将选择的花丛灌木移动到当前操作窗口中，如图12-27所示。

06 按Ctrl+T快捷键，进入"自由变换"状态，调整其大小及位置，将花丛种植到花坛中，如图12-28所示。

07 使用同样的方法，种植好所有花坛中的植物，以及水岸边的植物，效果如图12-29所示。

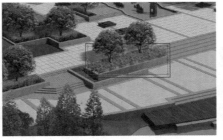

图12-27 移动花丛灌木至当前窗口　　　　图12-28 自由变换　　　　　　图12-29 种植其他植物

12.1.6　制作水面及喷泉

01 按Ctrl+O快捷键，打开"水面.psd"素材图片，如图12-30所示。

02 选择"移动工具" ，将选择的水面移动到当前操作窗口中，如图12-31所示。

图12-30 水面素材　　　　　　　　　　图12-31 移动水面至当前窗口

03 按Ctrl+T快捷键，进入"自由变换"状态，调整其大小及位置，如图12-32所示。

04 切换到材质通道图层，选择"魔棒工具" ，单击通道图层的水面所在的黑色区域，建立如图12-33所示的选区。

图12-32 自由变换　　　　　　　　　　图12-33 水面选区

05 回到水面所在的图层，单击图层面板底部的"添加图层蒙版"按钮 ，建立选区蒙版，将多余的水面隐藏，如图12-34所示。

06 按Ctrl+O快捷键，打开"喷泉.psd"素材图片，如图12-35所示。

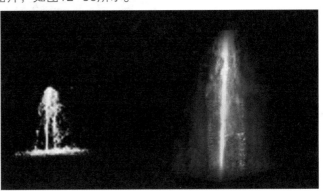

图12-34 添加快速蒙版　　　　　　　　图12-35 喷泉素材

07 选择"移动工具" ，将选择的喷泉素材移动到当前操作窗口中，如图12-36所示。

08 按Ctrl+T快捷键，进入"自由变换"状态，调整其大小及位置，如图12-37所示。

图12-36 移动喷泉至当前操作窗口

图12-37 自由变换

09 按住Ctrl键，单击图层缩览图，将喷泉全选，按住Alt键不放，拖动鼠标，完成同一图层的喷泉复制，如图12-38所示。

10 使用同样的方法，制作出广场上的小喷泉，效果如图12-39所示。

图12-38 同层复制

图12-39 制作广场喷泉

12.1.7 添加人物

01 按Ctrl+O快捷键，打开"人物.psd"素材图片，如图12-40所示。

02 选择"移动工具" ，将选择的人物移动到当前操作窗口中，如图12-41所示。

图12-40 人物素材

图12-41 移动人物到当前操作窗口

03 按Ctrl+T快捷键，进入"自由变换"状态，调整其大小及位置，如图12-42所示。

04 选择"移动工具" ，将选择的划船人物移动到当前操作窗口中，如图12-43所示。

图12-42 自由变换

图12-43 移动至当前窗口

05 按Ctrl+T快捷键，进入"自由变换"状态，调整其大小及位置，如图12-44所示。

06 使用同样的方法，在广场中添加其他人物，效果如图12-45所示。

图12-44 自由变换

图12-45 添加人物

12.1.8　添加其他配景素材

很多后期处理人员通常只注意大关系的把握，而容易忽略很多微小的细节，然而，一张完美的效果图，往往离不开这些不醒目的微小细节。所以一般在处理完大关系之后，需要检查一些被遗漏的细节部分，完善构图的细节。

01 按Ctrl+O快捷键，打开"配景.psd"素材图片，如图12-46所示。

图12-46 配景素材

02 选择"移动工具" ，将选择的汽车素材移动到当前操作窗口中，如图12-47所示。

03 按Ctrl+T快捷键，进入"自由变换"状态，调整其大小及位置，如图12-48所示。

图12-47 移动至当前操作窗口

图12-48 自由变换

04 选择"移动工具" ，将选择的风车素材移动到当前操作窗口中，如图12-49所示。

05 按Ctrl+T快捷键，进入"自由变换"状态，调整其大小及位置，如图12-50所示。

图12-49 移动风车素材

图12-50 自由变换

06 按住Ctrl键，单击图层缩览图，将风车全选，按住Alt键不放，拖动鼠标，完成同一图层的风车复制，如图12-51所示。

07 使用同样的方法，制作出草坪灯以及飞鸟，制作完成的效果如图12-52所示。

图12-51 同层复制　　　　　　　　　　图12-52 制作草坪与鸟

12.1.9 添加影子

　　考虑到远近关系，只有近处的大棵植物才会产生明显的影子，远处植物的影子在植物底部用"加深工具" 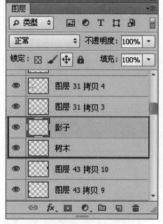稍微加深就可以了，而近处的植物影子则需要细心刻画。

01 选择一棵树木，按Ctrl+J快捷键，拷贝一棵树木，命名为"影子"，如图12-53所示。

02 按Ctrl+M快捷键，打开"曲线"对话框，将曲线输出值设置为0，效果如图12-54所示。

03 按Ctrl+[快捷键，将影子图层放置于树木图层的下方，如图12-55所示。

图12-53 拷贝图层

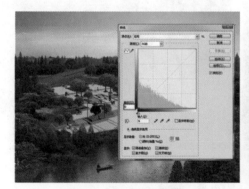

图12-54 "曲线"对话框　　　　　　　图12-55 调整图层次序

04 按Ctrl+T快捷键，进入"自由变换"状态，调整其位置，如图12-56所示。

05 更改影子图层的不透明度为40%，效果如图12-57所示。

图12-56 自由变换　　　　　　　　　图12-57 设置图层不透明度

06 选择"橡皮擦工具" ，擦除影子边缘生硬的地方，使其与地面更好地融合，效果如图12-58所示。

07 使用同样的方法，制作剩下树木以及其他配景的影子，效果如图12-59所示。

图12-58 擦除边缘

图12-59 其他树木以及人物的影子

12.1.10 制作光线效果

01 按Ctrl+Shift+Alt+E快捷键，盖印可见图层，执行"滤镜"|"模糊"|"动感模糊"命令，在弹出的"动感模糊"对话框中设置参数值为最大，如图12-60所示。

图12-60 设置动感模糊参数

02 更改图层的混合模式为"强光"，如图12-61所示。

03 选择"橡皮擦工具" ，将暗面的光线擦除，减弱暗面的光线效果，效果如图12-62所示。

04 按Ctrl+Shift+N快捷键，新建一个图层，将其置于顶层，然后调整画面的色调。

图12-61 更改图层模式

图12-62 擦出效果

05 设置前景色为暖色，设置参数如图12-63所示。

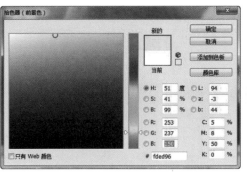

06 选择"画笔工具" ，对中心广场的位置上涂抹，涂抹出淡黄色，效果如图12-64所示。

图12-63 设置前景色

图12-64 喷光广场

07 设置图层混合模式为
"叠加"，如图12-65所示。

08 喷光完后，至此效果
图基本完成，最终效果如
图12-66所示。

图12-65 设置图层模式   图12-66 最终效果

12.2 道路景观效果图后期处理

优美的城市环境，宜人的道路绿化是人们对一个地区、一个城市第一印象的重要组成部分。精工细琢的景观式的道路绿化是自然景观的提炼和再现，是人工艺术环境和自然生态环境的结合，它所体现的意境美，是文化与艺术的融合与升华，使人感到亲切、舒适，具有生命力，是衡量现代化城市精神文明水平的重要标志。

12.2.1 分离天空背景

01 运行Photoshop CC软件，按Ctrl+O快捷键，打开"道路练习.jpg"图片以及"材质通道图.jpg"文件，如图12-67和图12-68所示。

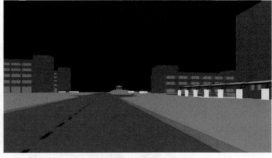

图12-67 道路练习   图12-68 材质通道图

02 按Shift键，将材质通道文件移至道路练习文档中。

03 在材质通道图，选择"魔棒工具" ，选择天空所在的区域，回到"道路练习"图层，如图12-69所示。

04 按Delete键，删除天空背景，得到透明的天空背景图像，如图12-70所示。

图12-69 天空选区   图12-70 透明天空背景

05 按Ctrl+O快捷键，打开"天空.jpg"背景素材，如图12-71所示。

图12-71 天空背景

06 选择"移动工具" 🛦，将天空素材移动到当前操作窗口中，如图12-72所示。

07 按Ctrl+T快捷键，进入"自由变换"状态，调整好大小和位置，如图12-73所示。

图12-72 移动天空至当前操作窗口

图12-73 自由变换

12.2.2　添加草地

01 按Ctrl+O快捷键，打开"草地.jpg"素材，如图12-74所示。

02 选择"多边形套索工具" 🖛，设置羽化参数为10像素，选择比较完整的草地，如图12-75所示。

图12-74 草地素材

图12-75 选取草地

03 将选择的草地素材移动到当前操作窗口中，将图层命名为"草地"，如图12-76所示。

图12-76 移动草地至当前操作窗口

04 按Ctrl+T快捷键，进入"自由变换"状态，调整好大小和位置，如图12-77所示。

05 按住Ctrl键，单击图层缩览图，将草地全选，按住Alt键不放，拖动鼠标，完成同一图层的草地复制，如图12-78所示。

图12-77 自由变换

图12-78 同层复制

06 单击"草地"图层前面的眼睛按钮 👁 ，先将"草地"图层隐藏，再切换到材质通道图层，选择"魔棒工具" 🪄 ，单击通道图层的黄色区域，建立如图12-79所示的选区。

07 回到"草地"图层，再次单击眼睛按钮 👁 ，使图层显示出来，单击图层面板底部的"添加图层蒙版"按钮 ▣ ，建立选区蒙版，将多余的草地隐藏，如图12-80所示。

图12-79 建立选区

图12-80 建立快速蒙版

12.2.3 添加远景

01 按Ctrl+O快捷键，打开"远景素材.psd"文件，如图12-81所示。

02 选择"移动工具" ⊹ ，将远景素材移动到当前操作窗口中，命名为"远景"，如图12-82所示。

03 按Ctrl+T快捷键，进入"自由变换"状态，调整其大小及位置，再按Ctrl+[快捷键，移动图层顺序至道路练习与天空图层之间，如图12-83所示。

图12-81 远景素材

图12-82 移动远景素材至当前操作窗口

图12-83 调整图层次序

12.2.4　添加树木素材

01 按Ctrl+O快捷键，打开"树木.psd"素材，如图12-84所示。

图12-84 树木素材

02 选择"移动工具" ，将选择的树木移动到当前操作窗口中，如图12-85所示。

03 按Ctrl+T快捷键，进入"自由变换"状态，调整其大小及位置，如图12-86所示。

图12-85 添加树木

图12-86 自由变换

04 使用同样的方法，按照远、中、近的顺序，依次种植道路两边的其他树木，完成树木种植后的效果如图12-87所示。

图12-87 种植道路两边的其他树木

12.2.5　添加矮植、灌木

01 按Ctrl+O快捷键，打开"灌木素材.psd"图片，如图12-88所示。

02 选择"移动工具" ，将选择的灌木移动到当前操作窗口中，如图12-89所示。

图12-88 矮植、灌木素材

图12-89 添加灌木

03 按Ctrl+T快捷键，进入"自由变换"状态，调整其大小及位置，如图12-90所示。

04 使用同样的方法，种植道路两旁的矮植以及灌木，效果如图12-91所示。

图12-90 自由变换

图12-91 种植其他灌木

12.2.6 添加人物及车辆

01 按Ctrl+O快捷键，打开"人物及车辆.psd"素材图片，如图12-92所示。

02 选择"移动工具" ，将选择的人物移动到当前操作窗口中，如图12-93所示。

图12-92 人物及车辆

图12-93 添加人物

03 按Ctrl+T快捷键，进入"自由变换"状态，调整其大小及位置，如图12-94所示。

04 选择"移动工具" ，将选择的车辆素材移动到当前操作窗口中，如图12-95所示。

图12-94 自由变换人物大小

图12-95 移动车辆素材至当前操作窗口

05 按Ctrl+T快捷键，进入"自由变换"状态，调整其大小及位置，如图12-96所示。

06 使用同样的方法，添加道路上的其他人物和车辆，效果如图12-97所示。

图12-96 调整车辆大小   图12-97 添加其他人物和车辆

12.2.7 添加影子

01 选择一棵树木，按Ctrl+J快捷键，拷贝一棵树木，命名为"影子"，如图12-98所示。

02 按Ctrl+M快捷键，打开"曲线"对话框，将曲线输出值设置为"0"，效果如图12-99所示。

图12-98 复制图层

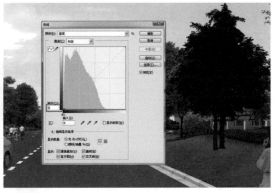

图12-99 曲线对话框

03 按Ctrl+[快捷键，将影子图层放置于树木图层的下方，如图12-100所示。

04 按Ctrl+T快捷键，进入"自由变换"状态，调整其位置，如图12-101所示。

图12-100 调整图层次序

图12-101 自由变换

05 更改影子图层的不透明度为40%，效果如图12-102所示。

06 使用同样的方法，制作剩下的树木以及其他配景的影子，效果如图12-103所示。

图12-102 设置不透明度

图12-103 制作其余的影子

12.2.8 制作光线效果

01 按Ctrl+Shift+Alt+E快捷键，盖印可见图层，执行"滤镜"|"模糊"|"动感模糊"命令，在弹出的

"动感模糊"对话框中设置参数值为最大，如图12-104所示。

02 更改图层混合模式为"强光"，如图12-105所示。

图12-104 动感模糊参数　　　　　　图12-105 更改图层模式

03 选择"橡皮擦工具" ，将暗面的光线擦除，减弱暗面的光线效果，最终效果如图12-106所示。

图12-106 最终效果

13 Chapter

夜景效果图后期处理

　　夜景效果图在各种效果图中是最为绚丽的一种，是体现建筑美感的一种常见表现手段。夜景效果图的主要目的不仅仅在于表现建筑的精确形状和外观，还是建筑物在夜景的照明设施、形态、整体环境下的真实体现。它能够很好地吸引人们的目光，可用于效果展示和销售推广等。

13.1 高层写字楼夜景效果图后期处理

本节以高层写字楼为例，介绍夜景效果图的处理手法，如图13-1和图13-2所示为处理前后的效果对比。

图13-1 后期处理前

图13-2 后期处理后

13.1.1 分离背景并合并通道图像

01 按Ctrl+O快捷键，打开"写字楼初始.jpg"图像，如图13-3所示。

02 该图像的灯光和质感比较平淡，夜景气氛不够突出，需要在后期重点进行调整。

03 按Ctrl+O快捷键，打开"材质通道.png"图像，如图13-4所示。

图13-3 写字楼初始

图13-4 材质通道

04 选择"移动工具" ，选择材质通道图层，按住Shift键不放，将材质通道移动至写字楼的初始操作窗口中，使之与写字楼图层完全重合，如图13-5所示。

05 选中"材质通道"图层，选择"魔棒工具" ，选择天空所在的区域，如图13-6所示。

图13-5 合并图层

图13-6 选区

06 返回"写字楼初始"图层，按Delete键，删除天空，如图13-7所示。

07 选择"写字楼初始"图层为当前图层，按Ctrl+L快捷键，在弹出的"色阶"对话框中，将高光和暗调滑块向中间移动，整体增强图像的明暗对比，如图13-8所示。

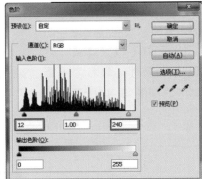

图13-7 删除天空　　　　　　　图13-8 色阶对话框

08 按Ctrl+O快捷键，打开"天空.jpg"图像，如图13-9所示。

09 选择"移动工具" 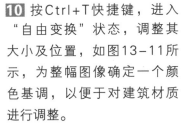，选择天空素材图层，移动至当前操作窗口，如图13-10所示。

图13-9 天空素材　　　　　　　图13-10 移动天空图层

10 按Ctrl+T快捷键，进入"自由变换"状态，调整其大小及位置，如图13-11所示，为整幅图像确定一个颜色基调，以便于对建筑材质进行调整。

11 按Ctrl+B快捷键，弹出"色彩平衡"对话框，设置参数及效果，如图13-12所示。

图13-11 自由变换　　　　　　　图13-12 色彩对话框

13.1.2 墙体材质调整

3ds Max 渲染出的写字楼图像亮面和暗面对比不够突出，使整幅效果图缺乏视觉冲击力，下面分别对建筑的亮面和暗面进行调整。

01 选中"材质通道"图层，选择"魔棒工具" ，选择"写字楼墙体"所在的区域，如图13-13所示。

02 返回"写字楼初始"图层，按Ctrl+J快捷键，拷贝墙体素材，命名为"墙体"，如图13-14所示。

图13-13 选择墙体区域

图13-14 拷贝墙体

03 选择"墙体"图层为当前图层，选择"多边形套索工具" ，选择墙体的亮面区域，如图13-15所示。

04 按Ctrl+M快捷键，执行"曲线"命令，在弹出的对话框中，将控制曲线向上弯曲，如图13-16所示。

图13-15 墙体亮面选区

图13-16 曲线对话框

05 选择"墙体"图层为当前图层，选择"多边形选框工具" ，选择墙体的暗面区域，如图13-17所示。

06 按Ctrl+M快捷键，执行"曲线"命令，在弹出的对话框中，将控制曲线向下弯曲，如图13-18所示。

图13-17 墙体暗面选区

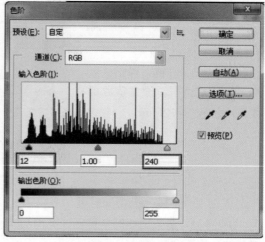

图13-18 曲线对话框

13.1.3 窗户玻璃材质调整

01 选中"材质通道"图层，选择"魔棒工具" ，选择玻璃所在的区域，如图13-19所示。

02 返回"写字楼初始"图层，按Ctrl+J快捷键，拷贝玻璃素材，命名为"玻璃"，如图13-20所示。

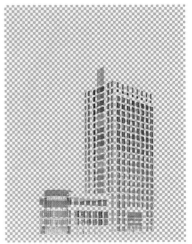

图13-19 玻璃选区   图13-20 拷贝玻璃

03 选择"减淡工具" ，提高窗户玻璃的亮度，增强夜景的气氛，如图13-21所示。

04 按Ctrl+O快捷键，打开"商铺.jpg"图像，如图13-22所示。

图13-21 增加玻璃亮度   图13-22 商铺素材

05 选择"移动工具" ，选择商铺素材图层，移动至当前操作窗口，如图13-23所示。

06 按Ctrl+T快捷键，进入"自由变换"状态，调整其大小及位置，如图13-24所示。

图13-23 添加商铺素材   图13-24 自由变换

07 选中材质通道图层，选择"魔棒工具" ，选择白色的玻璃所在的区域，如图13-25所示。

08 返回"商铺"图层，添加图层蒙版，效果如图13-26所示。

图13-25 选择玻璃区域

图13-26 快速蒙版

09 更改商铺图层的不透明度为70％，如图13-27所示。

10 按Ctrl+B快捷键，执行"色彩平衡"命令，在弹出的对话框中调整参数，添加商铺的暖色调，效果如图13-28所示。

图13-27 更改不透明度

图13-28 色彩平衡

13.1.4 添加配景

1. 添加配楼

01 按Ctrl+O快捷键，打开"配楼素材.psd"图像，如图13-29所示。

02 选择"移动工具" ，选择配楼素材图层，移动至当前操作窗口，如图13-30所示。

图13-29 配楼素材

图13-30 添加配楼

03 按Ctrl+T快捷键，进入"自由变换"状态，调整其大小及位置，如图13-31所示。

图13-31 自由变换

04 按Ctrl+[快捷键，将配楼图层放置于写字楼初始图层与天空图层中间，使配楼在写字楼后面，如图13-32所示。

05 更改图层的不透明度为85%，效果如图13-33所示。

图13-32 调整图层次序　　　　　　　　　图13-33 设置不透明度

06 使用同样的方法，再从配楼的后边制作出一层配楼，设置不透明度为50%，如图13-34所示。

07 使用相同的方法，制作出写字楼左边的配楼，效果如图13-35所示。

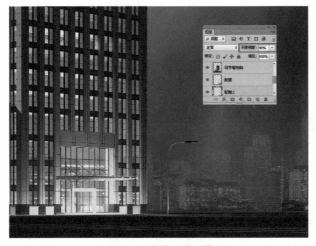

图13-34 制作二重配楼

图13-35 制作出左边配楼

2. 添加远景树木

01 按Ctrl+O快捷键，打开"远景树木素材.psd"图像，如图13-36所示。

图13-36 远景树木素材

02 选择"移动工具" ，选择远景树木素材图层，移动至当前操作窗口，如图13-37所示。

03 按Ctrl+T快捷键，进入"自由变换"状态，调整其大小及位置，如图13-38所示。

图13-37 添加远景树木

图13-38 自由变换

04 按Ctrl+U快捷键，执行"色相/饱和度"命令，在弹出的对话框中设置参数，降低树木的饱和度，如图13-39所示。

05 按Ctrl+M快捷键，执行"曲线"命令，在弹出的对话框中设置参数，降低树木的亮度，如图13-40所示。

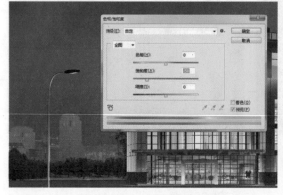

图13-39 色相/饱和度设置

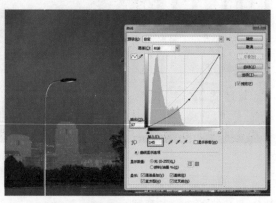

图13-40 曲线编辑器

06 把图层的不透明度调整
至80%，如图13-41所示。

图13-41 不透明度

07 使用同样的方法，制作
出写字楼右边的远景树木，
效果如图13-42所示。

图13-42 制作远景树

3. 添加行道树

01 按Ctrl+O快捷键，打开"行道树素
材"图像，如图13-43所示。

图13-43 行道树素材

02 选择 " 移动工具" ⊹ ，选择行道树素材图层，移动至当前操作窗口，如图13-44所示。

03 按Ctrl+T快捷键，进入"自由变换"状态，调整其大小及位置，如图13-45所示。

图13-44 移动行道树至当前窗口　　　　图13-45 自由变换

04 按住Ctrl键，单击图层缩览图，选择行道树，按住Alt键不放，拖动鼠标，完成同一图层的行道树复制，如图13-46所示。

05 行道树制作完成后的效果如图13-47所示。

图13-46 同层复制　　　　　　　　　图13-47 制作行道树

4. 制作马路

01 按Ctrl+O快捷键，打开"路面素材.psd"图像，如图13-48所示。

02 选择"移动工具" ⊹ ，选择路面素材图层，移动至当前操作窗口，如图13-49所示。

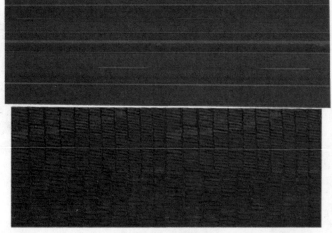

图13-48 路面素材　　　　　　　　　图13-49 移动路面素材

03 按住Ctrl键，单击图层缩览图，选择路面素材，按住Alt键不放，拖动鼠标，完成同一图层的路面复制，如图13-50所示。

04 按Ctrl+T快捷键，进入"自由变换"状态，调整其位置大小及透视关系，如图13-51所示。

图13-50 同层复制路面

图13-51 自由变换

05 按Ctrl+M快捷键，执行"曲线"命令，在弹出的对话框中设置参数，降低路面的亮度，如图13-52所示。

06 使用同样的方法，制作出人行道的路面，效果如图13-53所示。

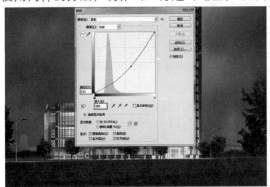

图13-52 曲线编辑器

图13-53 制作人行道

5. 添加遮阳伞及路灯

01 按Ctrl+O快捷键，打开"遮阳伞路灯.psd"素材图像，如图13-54所示。

图13-54 遮阳伞、路灯

02 选择"移动工具" ，选择"遮阳伞路灯"素材图层，移动至当前操作窗口，如图13-55所示。

03 按Ctrl+T快捷键，进入"自由变换"状态，调整其位置及大小，如图13-56所示。

图13-55 移动遮阳伞素材　　　　　　　图13-56 调整遮阳伞大小

04 按住Ctrl键，单击图层缩览图，选择"遮阳伞路灯"素材，按住Alt键不放，拖动鼠标，完成同一图层的遮阳伞复制，如图13-57所示。

05 再次按Ctrl+T快捷键，进入"自由变换"状态，按住Shift键不放，等比缩放遮阳伞的大小，如图13-58所示。

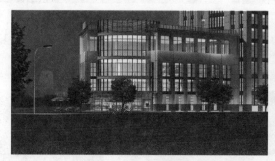

图13-57 同层复制　　　　　　　　　　图13-58 缩放遮阳伞大小

06 依次复制、缩放遮阳伞，制作出遮阳伞在路边的透视关系，效果如图13-59所示。

图13-59 遮阳伞的透视效果

07 使用同样的方法，制作出路灯以及路灯的透视效果，如图13-60所示。

图13-60 路灯的透视效果

6. 添加人物及车辆

01 按Ctrl+O快捷键，打开"人物.psd"素材图像，如图13-61所示。

图13-61 人物素材

02 选择"移动工具" ，选择人物素材图层，移动至当前操作窗口，如图13-62所示。

03 按Ctrl+R快捷键，快速显示"标尺"，按住鼠标左键，拉出一条人物参考线，所有人的高度都将在这一水平线上，这样就对人物的高度有了一个简单初步的定位，如图13-63所示。

图13-62 移动复制人物素材

图13-63 人物参考线

04 按Ctrl+T快捷键，进入"自由变换"状态，调整其位置及大小，如图13-64所示。

图13-64 自由变换

05 按Ctrl+M快捷键，执行"曲线"命令，在弹出的对话框中设置参数，降低人物的亮度，如图13-65所示。

06 使用同样的方法，添加其他人物，效果如图13-66所示。

图13-66 添加其他人物

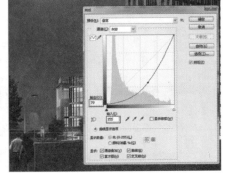

图13-65 曲线编辑器

07 按Ctrl+O快捷键，打开"车辆素材.psd"图像，如图13-67所示。

08 选择"移动工具" ，选择车辆素材图层，移动至当前操作窗口，如图13-68所示。

图13-67 车辆素材

图13-68 移动复制车辆

09 按Ctrl+T快捷键，进入"自由变换"状态，调整其位置及大小，如图13-69所示。

图13-69 自由变换车辆大小

10 按Ctrl+M快捷键，执行"曲线"命令，在弹出的对话框中设置参数，降低车辆的亮度，如图13-70所示。

11 执行"滤镜"|"模糊"|"动感模糊"命令，在弹出的对话框中调整参数，使汽车看起来是在奔跑状态，如图13-71所示。

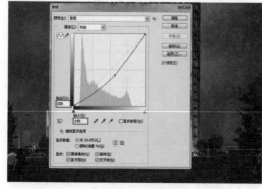

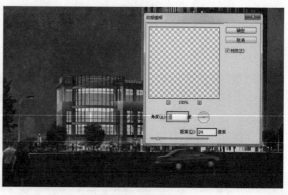

图13-70 曲线编辑器

图13-71 动感模糊

12 使用同样的方法，添加其他的车辆，效果如图13-72所示。

图13-72 添加其他车辆

7. 制作影子

01 选择一个人物，按Ctrl+J快捷键，拷贝一个人物图层，命名为"影子"，如图13-73所示。

02 按Ctrl+M快捷键，打开"曲线"对话框，将曲线输出值设置为0，效果如图13-74所示。

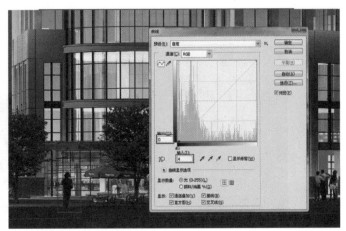

图13-73 拷贝图层　　　　　　　　　　　　图13-74 曲线编辑器

03 再按Ctrl+[快捷键，将影子图层放置于人物图层的下方，如图13-75所示。

04 按Ctrl+T快捷键，进入"自由变换"状态，单击鼠标右键，选择"垂直翻转"选项，调整其至需要的位置，如图13-76所示。

图13-75 调整图层次序　　　　　　　　　　图13-76 自由变换

05 更改影子图层的不透明度为50%，效果如图13-77所示。

06 选择"橡皮擦工具" ，擦除影子边缘生硬的地方，使其与地面更好地融合，效果如图13-78所示。

图13-77 设置图层的不透明度　　　　　　　　图13-78 擦出边缘

07 使用同样的方法，制作出其他人物以及车辆的影子，效果如图13-79所示。

图13-79 制作其他影子

13.1.5　最终调整

01 选择"画笔工具" ，设置不透明度为40%，设置前景色为"#ead6c5"，如图13-80所示。

02 在写字楼一层的位置进行涂抹，绘制出一条光带，如图13-81所示。

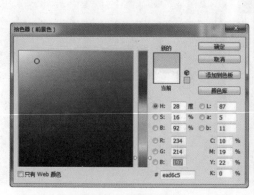 

图13-80 设置前景色　　　　　　　　图13-81 绘制光带

03 设置图层混合模式为"颜色减淡",不透明度为30%,模拟出地面及写字楼一层被路灯照亮的效果,如图13-82所示。

04 在图层面板顶端建立一个新图层,选择"渐变工具" ,在工具选项栏中选择"前景到透明"渐变,在画面底部制作出渐变效果,将视觉中心引向画面中心的建筑物,如图13-83所示。

图13-82 设置图层属性

图13-83 制作渐变

05 选择图层面板顶端图层为当前图层,按Ctrl+Shift+Alt+E快捷键,盖印可见图层,执行"滤镜"|"模糊"|"高斯模糊"命令,设置高斯模糊半径为5像素,如图13-84所示。

06 设置图层混合模式为"柔光",设置不透明度为50%,如图13-85所示,使图像更加清晰,明暗变化更加丰富。

07 最终效果如图13-86所示。

图13-84 高斯模糊

图13-85 设置图层混合模式

图13-86 最终效果

13.2 商业街夜景效果图后期处理

夜景效果图的处理,主要是通过灯光表现设计特色,所以在处理夜景效果图的时候,灯光的把握非常重要,本节讲解商业街夜景效果图的表现方法。

13.2.1 分离背景并合并通道图像

01 按Ctrl+O快捷键，打开商业街的"初始.jpg"图像，如图13-87所示。

02 按Ctrl+O快捷键，打开"材质通道.png"图像，如图13-88所示。

图13-87 商业街的"初始"图像　　　　　　　　　　图13-88 材质通道图

03 选择"移动工具" ，选择材质通道图层，按住Shift键不放，将材质通道移动复制至写字楼初始操作窗口，使之与写字楼图层完全重合，如图13-89所示。

04 在"材质通道"图层，选择"魔棒工具" ，选择天空所在的区域，如图13-90所示。

图13-89 合并材质通道图　　　　　　　　　　　图13-90 选择天空区域

05 返回"初始"图层，按Delete键，删除天空，如图13-91所示。

06 选择"初始"图层为当前图层，按Ctrl+L快捷键，打开"色阶"对话框，在弹出的对话框中，将高光和暗调滑块向中间移动，整体增强图像的明暗对比，如图13-92所示。

图13-91 删除天空　　　　　　　　　　　　　　图13-92 "色阶"对话框

07 按Ctrl+O快捷键，打开"天空.jpg"素材图像，如图13-93所示。

08 选择"移动工具" [移动工具图标]，选择天空素材图层，移动至当前操作窗口，如图13-94所示。

图13-93 天空素材

图13-94 移动天空素材

09 按Ctrl+[快捷键，将天空图层放置于初始图层的下方，使天空在建筑物的后面，如图13-95所示。

10 按Ctrl+T快捷键，进入"自由变换"状态，调整其大小及位置，如图13-96所示，为整幅图像确定一个颜色基调，以便于对建筑材质进行调整。

图13-95 调整图层次序

图13-96 调整天空大小

13.2.2　墙体材质调整

3ds Max 渲染出的写字楼图像亮面和暗面对比不够突出，整幅效果图缺乏视觉冲击力，下面分别对建筑物的亮面和暗面进行调整。

01 选中"材质通道"图层，选择"魔棒工具" [魔棒工具图标]，选择商业街初始墙体所在的区域，如图13-97所示。

02 返回"初始"图层，按Ctrl+J快捷键，拷贝墙体素材，命名为"墙体"，如图13-98所示。

图13-97 选择墙体区域

图13-98 拷贝墙体

03 按Ctrl+L快捷键，执行"色阶"命令，在弹出的对话框中，调整滑块，使其明暗对比更加明显，如图13-99所示。

图13-99 色阶调整

13.2.3 窗户玻璃材质调整

01 选中"材质通道"图层，选择"魔棒工具" ，选择玻璃所在的区域，如图13-100所示。

02 返回"初始"图层，按Ctrl+J快捷键，拷贝玻璃素材，命名为"玻璃"，如图13-101所示。

03 选择"减淡工具" ，提高窗户玻璃的亮度，增强夜景的气氛，如图13-102所示。

图13-101 拷贝图层

图13-100 选择玻璃区域

图13-102 增加玻璃亮度

13.2.4 添加配景

1. 添加远景配楼

01 按Ctrl+O快捷键，打开"远景配楼素材.png"图像，如图13-103所示。

图13-103 远景配楼

02 选择"移动工具" ，选择远景配楼素材图层，移动至当前操作窗口，如图13–104所示。

03 按"Ctrl+["快捷键，将配楼图层放置于初始图层与天空图层中间，使配楼在建筑物的后面，如图13–105所示。

图13–104 添加配楼

图13–105 调整图层次序

04 按Ctrl+T快捷键，进入"自由变换"状态，调整其大小及位置，如图13–106所示。

05 更改图层的不透明度为85%左右，效果如图13–107所示。

图13–106 自由变换

图13–107 调整图层的不透明度

2. 添加橱窗及招牌

01 按Ctrl+O快捷键，打开"橱窗、招牌素材.psd"图像，如图13–108所示。

图13–108 橱窗、招牌素材

02 选择"移动工具" ，选择橱窗素材图层，移动至当前操作窗口，如图13–109所示。

03 按Ctrl+T快捷键，进入"自由变换"状态，调整其大小及位置，如图13–110所示。

图13-109 移动橱窗至当前窗口

图13-110 自由变换

04 选中"材质通道"图层，选择"魔棒工具" ，选择玻璃所在的区域，如图13-111所示。

05 返回"橱窗"图层，单击图层面板底端的"添加图层蒙版"按钮 ，效果如图13-112所示。

图13-111 选择玻璃区域

图13-112 添加快速蒙版

06 按Ctrl+B快捷键，执行"色彩平衡"命令，在弹出的对话框中设置参数，为橱窗增加暖调色彩，效果如图13-113所示。

07 更改图层的不透明度为75%，效果如图13-114所示。

图13-113 增加橱窗暖色调

图13-114 更改图层的不透明度

08 使用同样的方法，添加其他的店面橱窗，效果如图13-115所示。

图13-115 添加其他橱窗

09 选择"移动工具" ▶+ ，选择招牌素材图层，移动复制至当前操作窗口，如图13-116所示。

10 按Ctrl+T快捷键，进入"自由变换"状态，调整其大小及位置，如图13-117所示。

图13-116 移动招牌至当前操作窗口

图13-117 自由变换大小

11 使用同样的方法，将其他招牌添加完成，效果如图13-118所示。

图13-118 添加其他招牌

3. 添加植物、树木

01 按Ctrl+O快捷键，打开"植物、树木素材.psd"图像，如图13-119所示。

02 选择"移动工具" ▶+ ，选择植物素材图层，移动至当前操作窗口，如图13-120所示。

图13-119 植物、树木素材

图13-120 移动植物至当前操作窗口

03 按Ctrl+T快捷键，进入"自由变换"状态，调整其大小及位置，如图13-121所示。

04 选择"矩形框选工具" ![icon]，设置工具选项栏中的羽化值为8像素，框选植物，如图13-122所示。

图13-121 调整植物大小及位置

图13-122 框选植物

05 按住Ctrl键，单击图层缩览图，选择植物，按住Alt键不放，拖动鼠标，完成同一图层的植物复制，如图13-123所示。

06 按Ctrl+T快捷键，进入"自由变换"状态，调整其大小位置及透视关系，如图13-124所示。

图13-123 同层复制

图13-124 调整植物的大小及透视

07 选中"材质通道"图层，选择"魔棒工具" ![icon]，选择水池的边缘区域，如图13-125所示。

08 返回"植物"图层，并为图层添加图层蒙版，效果如图13-126所示。

图13-125 水池边缘选区

图13-126 添加快速蒙版

09 使用同样的方法，添加出其他位置的植物，如图13-127所示。

10 选择"移动工具" ▶╋，选择树木素材图层，移动至当前操作窗口，如图13-128所示。

图13-127 添加其他植物

图13-128 移动树木至当前操作窗口

11 按Ctrl+T快捷键，进入"自由变换"状态，调整其大小及位置，如图13-129所示。

12 按住Ctrl键，单击图层缩览图，选择树木，按住Alt键不放，拖动鼠标，完成同一图层的树木复制，如图13-130 所示。

图13-129 调整树木大小

图13-130 同层复制

13 根据透视关系，将此区域的树木添加完整，如图13-131所示。

14 使用同样的方法，添加其他树木，效果如图13-132所示。

图13-131 添加树木

图13-132 添加其他树木

4. 添加流水及喷泉

01 按Ctrl+O快捷键，打开"喷泉、流水素材.psd"图像，如图13-133所示。

图13-133 喷泉、流水素材

02 选择"移动工具" ▶+ ，选择喷泉素材图层，移动至当前操作窗口，如图13-134所示。

图13-134 移动喷泉至当前操作窗口

03 按Ctrl+T快捷键，进入"自由变换"状态，调整其大小及位置，如图13-135所示。

04 按住Ctrl键，单击图层缩览图，选择喷泉，按住Alt键不放，拖动鼠标，完成同一图层的喷泉复制，如图13-136所示。

图13-135 自由变换大小

图13-136 同层复制喷泉

05 选择"橡皮擦工具" ✐ ，擦除边缘的多余部分，效果如图13-137所示。

06 使用同样的方法，制作出流水的效果，效果如图13-138所示。

图13-137 擦除多余部分

图13-138 添加流水效果

5. 添加人物及遮阳伞

01 按Ctrl+O快捷键，打开"人物、遮阳伞素材.psd"图像，如图13-139所示。

图13-139 人物、遮阳伞素材

02 选择"移动工具" 🔁，选择遮阳伞素材图层，移动至当前操作窗口，如图13-140所示。

03 按Ctrl+T快捷键，进入"自由变换"状态，调整其大小及位置，如图13-141所示。

图13-140 移动遮阳伞至当前操作窗口

图13-141 缩放遮阳伞

04 按Alt键不放，移动复制遮阳伞，再按Ctrl+T快捷键，调整遮阳伞的大小，如图13-142所示。

05 选择"橡皮擦工具" 🖉，擦除遮阳伞边缘的多余部分，效果如图13-143所示。

图13-142 复制添加其他遮阳伞

图13-143 擦除边缘部分

06 选择"移动工具" ，选择人物素材图层，移动至当前操作窗口，如图13-144所示。

图13-144 移动人物素材

07 按Ctrl+T快捷键，进入"自由变换"状态，调整其大小及位置，如图13-145所示。

08 移动添加其他人物，如图13-146所示。

图13-145 调整人物大小

图13-146 添加其他人物

09 选择人物图层，按Ctrl+M快捷键，将曲线向下弯曲，压暗人物的亮度，如图13-147所示。

10 选择画面前方的人物，执行"滤镜"|"模糊"|"动感模糊"命令，制作出人物在行走的虚影，如图13-148所示。

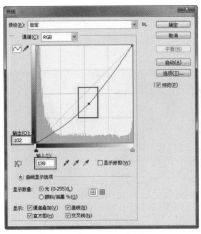

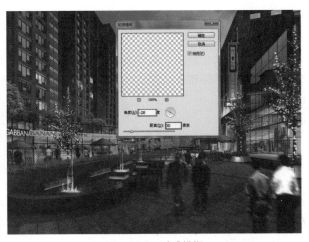

图13-147 曲线对话框　　　　　　　　图13-148 动感模糊

6. 影子制作

01 选择人物所在的图层，按Ctrl+J快捷键，拷贝出一个新图层，命名为"影子"，如图13-149所示。

02 选择影子图层，按Ctrl+M快捷键，将曲线向下弯曲，压暗人物的亮度，将输出值调整至0，如图13-150所示。

03 再按Ctrl+[快捷键，将影子图层放置于人物图层的下方，如图13-151所示。

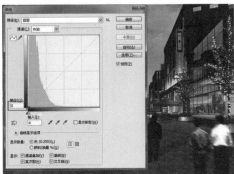

图13-149 拷贝图层　　　　　图13-150 压暗人物亮度　　　　　图13-151 调整图层次序

04 按Ctrl+T快捷键，进入"自由变换"状态，单击鼠标右键，选择"垂直翻转"选项，调整其至需要的位置，如图13-152所示。

05 调整影子图层的不透明度为40％，如图13-153所示。

图13-152 调整影子方向　　　　　　　　图13-153 设置图层不透明度

06 选择"橡皮擦工具" ，擦除影子边缘生硬的地方，使其与地面更好地融合，效果如图13-154所示。

07 使用同样的方法，制作出其他物品的影子，效果如图13-155所示。

图13-154 擦除边缘 · · · · · · · · · · · · · · · 图13-155 制作其他影子

13.2.5 最终调整

01 选择"画笔工具" ，设置不透明度为40%，设置前景色为"#ead6c5"，如图13-156所示。

02 在初始图层一层的位置涂抹，绘制出一条光带，如图13-157所示。

图13-156 前景色设置 · · · · · · · · · · · · · · · 图13-157 绘制光带

03 设置图层混合模式为"颜色减淡"，不透明度为30%，模拟出地面及初始图层一层被灯照亮的效果，如图13-158所示。

04 选择图层面板顶端图层为当前图层，按Ctrl+Shift+Alt+E快捷键，盖印可见图层，执行"滤镜"|"模糊"|"高斯模糊"命令，设置高斯模糊半径为5像素，如图13-159所示。

图13-158 调整图层混合模式 · · · · · · · · · · · · · · · 图13-159 "高斯模糊"对话框

05 设置图层混合模式为"柔光",设置不透明度为50%,如图13-160所示,使图像更加清晰,明暗变化更加丰富。

06 设置完图层混合模式后的效果如图13-161所示。

图13-160 调整图层混合模式

图13-161 设置完图层混合模式后的效果

07 在图层面板顶端,建立一个新图层,设置前景色为"#4b3285",如图13-162所示。

08 按Alt+Delete快捷键,快速填充前景色,设置新建图层的不透明度为10%,使其整体画面偏向天空色调,效果如图13-163所示。

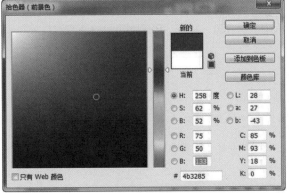

图13-162 设置前景色

图13-163 填充前景色

09 填充完前景色后的最终效果如图13-164所示。

图13-164 最终效果

14 Chapter

鸟瞰效果图后期处理

鸟瞰效果图的后期处理大致可分为如下三个步骤。

01 大关系的处理。包含背景的处理，铺地的处理以及颜色基调的确定。

02 绿化处理。包含种植树木、花草、灌木等覆盖地面的植被。

03 细节的处理。修整素材，调整颜色，制作周围的云雾遮挡效果等。

在进行室外鸟瞰效果图后期处理时，需要特别注意各配景与画面透视关系的处理。处理好了，就是一幅成功的效果图，反之，画面就会显得凌乱。

下面总结了一些在进行室外鸟瞰效果图后期处理时的注意事项，供读者参考。

构图问题：优秀作品的构图必然是变化和统一的均衡。变化和统一是作品构图中不可缺少的两个重要元素，没有变化，画面就会缺乏生动感；没有统一，画面就会显得杂乱无章。一般情况下，构图分为对称构图和均衡构图。均衡构图可以使画面看起来更加活泼、生动；而对称构图则显得相对沉稳，但缺点是画面缺乏生气。所以，在实际工作中均衡构图方式被大量运用。另外，视点的高低也会对画面产生影响。视点低，画面呈现的是仰视效果，画面主体形象高大庄严，背景常以天空为主，其他景物下缩，这样主体更突出；视点高，画面呈俯视效果，画面场景大，广阔而深远，较适宜表现地广人多、场面复杂的画面。鸟瞰效果图就是高视点图，但是在为该类视点的场景添加配景时，一定要注意各配景的透视关系与原画面的透视关系保持一致。

配景素材的添加：不管配景素材多么完美，归根结底都是为烘托主体建筑服务的，故配景素材的添加绝对不能喧宾夺主，要力求做到各种配景的风格与建筑氛围相统一，且要注意配景素材的种类不宜过多。另外，一定要注意主体和配景素材之间的透视关系。

整体的调整：最后要运用相应的命令和工具从整体上对画面进行一些基本的调整，使画面更加完美自然。

14.1 住宅小区鸟瞰图后期处理

住宅小区是比较常见的鸟瞰图类型，它主要表现的是小区建筑的规划与周围环境的关系。本节讲解的住宅小区鸟瞰图处理前后效果对比如图14-1和图14-2所示。

图14-1 处理前　　　　　　　　　　　　　　　　图14-2 处理后

14.1.1 模型的调整

鸟瞰图由于模型数量繁多，场景复杂，所以在前期建模的时候难免会出现一些失误。在后期处理中，修正模型自然就成为了不可或缺的步骤。在处理前首先要对模型进行整体检查，如图14.3所示的模型中，左上角就少了一块，需要补上。

01 运行Photoshop CC软件，按Ctrl+O快捷键，打开"鸟瞰图初始.psd"文件，显示彩色通道图层，如图14-3所示。

02 选择"吸管工具" ✐ ，吸取缺块旁边的深紫色区域，如图14-4所示。

图14-3 彩色通道图　　　　　　　　　　　　　　图14-4 设置前景色

03 选择"多边形套索工具" ☑ ，将缺少的区域选区出来，如图14-5所示。

04 按Alt+Delete键，快速填充前景色，如图14-6所示。

图14-5 建立选区　　　　　　　　　　　　　　　图14-6 填充颜色

14.1.2　草地的处理

01 运行Photoshop CC软件，按Ctrl+O快捷键，打开鸟瞰图初始文件，里面包含了背景层和三个颜色的材质通道，如图14-7所示。

02 按Ctrl+O快捷键，打开"草地.jpg"素材，如图14-8所示。

　　　图14-7　鸟瞰图初始界面　　　　　　　　　　　图14-8　草地素材

03 选择"移动工具" ，拖动草地素材到效果图操作窗口，重命名该图层为"草地"图层，如图14-9所示。

04 按住Alt键不放，拖动鼠标，完成草地的复制，如图14-10所示。

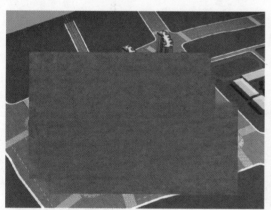

　　　图14-9　添加草地　　　　　　　　　　　　图14-10　复制草地图层

05 选择"橡皮擦工具" ，将草地衔接的痕迹擦掉，使草地衔接自然，效果如图14-11所示。

06 按照同样的方法，将草地铺满所有绿化区域，如图14-12所示。

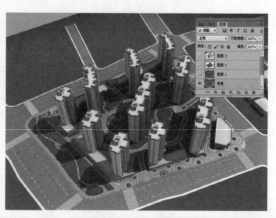

　　　图14-11　衔接草地　　　　　　　　　　　　图14-12　添加草地

07 选中所有的草地复制图层，按Ctrl+E快捷键，进行合并，将当前图层切换到材质通道图层，选择"魔棒工具" ，单击彩色通道图层的灰色区域，建立如图14-13所示的选区。

08 单击彩色通道图层前面的眼睛按钮 ，先将彩色通道图层隐藏，再切换到"草地"图层，单击图层面板底部的"添加图层蒙版"按钮 ，建立选区蒙版，将多余的草地隐藏，如图14-14所示。

图14-13 建立选区

图14-14 添加蒙版

14.1.3 路面的处理

01 选中彩色通道图层，选择"魔棒工具" ，单击图层中的蓝色区域，建立如图14-15所示的选区。

02 单击彩色通道图层前面的眼睛按钮 ，先将彩色通道图层隐藏，再切换到"背景"图层，按Ctrl+J快捷键，复制道路至新的图层，重命名该图层为"路面"，如图14-16所示。

图14-15 蓝色道路选区

图14-16 建立路面图层

03 执行"滤镜"|"杂色"|"添加杂色"命令，在弹出的"添加杂色"对话框中，设置参数及效果，如图14-17所示。

04 对路面的颜色进行调整，首先按Ctrl+M快捷键，弹出"曲线"对话框，将控制曲线调整至如图14-18所示的形状。

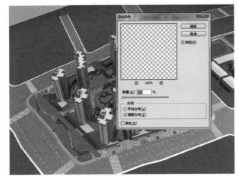

图14-17 添加杂色

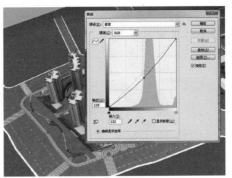

图14-18 曲线调整

05 选择"加深工具" ，设置曝光度为30%，范围选择为"阴影"，对路面的中间位置以及边缘区域进行加深处理。按住Shift键不放，在起始点单击鼠标，再在结束点单击鼠标。

06 选择"减淡工具" ，设置曝光度为17%，范围选择为"高光"，对路面车轮经过的区域进行减淡处理。按住Shift键不放，在起始点单击鼠标，再在结束点单击鼠标，效果如图14-19所示。

07 按Ctrl+B快捷键，快速打开"色彩平衡"对话框，调整参数如图14-20所示。

08 道路效果如图14-21所示。

图14-19 路面加深减淡效果

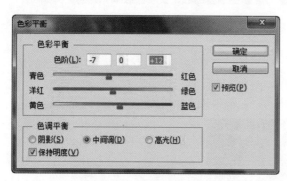

图14-20 调整色彩平衡

图14-21 道路效果

14.1.4 制作背景

01 按Ctrl+O快捷键，打开"背景.png"素材，如图14-22所示。

02 选择"移动工具" ，拖动背景素材到效果图操作窗口，重命名该图层为"背景素材"图层，如图14-23所示。

03 按住Alt键不放，拖动鼠标，完成同一图层的背景素材的复制，将背景素材铺满所需区域，效果如图14-24所示。

图14-22 背景素材

图14-23 移动背景素材到当前窗口

图14-24 铺满背景素材

04 切换到彩色通道图层，选择"魔棒工具" ，建立如图14-25所示的选区。

05 单击彩色通道图层前的眼睛按钮 ，使图层隐藏，再将当前图层设置为"背景素材"图层，单击图层面板底部的"添加图层蒙版"按钮 ，建立选区蒙版，效果如图14-26所示。

图14-25 建立选区　　　　　　　　　　　图14-26 建立蒙版

14.1.5　种植树木

种植树木同样是有先后顺序的，一般而言，先种植周边的树木，称之为"行道树"，然后种植较大的树，再种植小一些的树，最后种植灌木、花丛。

01 按Ctrl+O快捷键，打开"行道树.psd"素材，如图14-27所示。

02 选择"移动工具" ，拖动行道树素材到效果图操作窗口，重命名该图层为"行道树"图层。

03 按Ctrl+T快捷键，调整行道树的大小和位置，按Enter键确认调整，然后沿着道路种植行道树，如图14-28所示。

04 按Ctrl+E快捷键，将种植的行道树合并为一个图层，如图14-29所示。

图14-27 行道树素材

图14-28 添加行道树

图14-29 合并图层

> **注意**
>
> 刚开始种植树木的时候，不需要太注重细节，先将树大致种好，最后再检查树木遮挡建筑的情况。如图中所示，有些树就种到建筑上面了，要将其删除。

05 选择"多边形套索工具" ，将建筑物的轮廓勾勒出来，如图14-30所示。

06 将当前图层设置为行道树图层，按Delete键将其删除，效果如图14-31所示。

图14-30 选择要删除的树木　　　　　　　　图14-31 删除多余树木

07 用同样的方法处理其他建筑物上的多余树木，最终效果如图14-32所示。

08 按Ctrl+O快捷键，打开"配景树.psd"素材，如图14-33所示。

图14-32 添加行道树的最后效果　　　　　　　图14-33 鸟瞰树素材

09 选择第一种树木，选择"移动工具" ，将选择的树木移动到当前操作窗口，如图14-34所示。

10 按Ctrl+T快捷键，进入"自由变换"状态，调整树木的大小及位置，如图14-35所示。

图14-34 移动树木到当前窗口　　　　　　　图14-35 自由变换

11 使用同样的方法，种植其他的树木，完成树木种植后的效果如图14-36所示。

12 打开树木素材文件，如图14-37所示。

图14-36 完成后的树木种植效果

图14-37 树木素材

13 选择灌木素材，选择"移动工具" ，将选择的灌木移动到当前操作窗口中，如图14-38所示。

14 按Ctrl+T快捷键，进入"自由变换"状态，调整其大小及位置，如图14-39所示。

图14-38 添加灌木素材

图14-39 调整灌木的大小

15 按住Ctrl键，单击图层缩览图，将灌木选中，按住Alt键不放，拖动鼠标，完成同一图层的灌木复制，如图14-40所示。

16 再按Ctrl+T快捷键，进入"自由变换"状态，调整灌木的大小及位置，如图14-41所示。

图14-40 复制灌木

图14-41 调整灌木后的效果

17 使用同样的方法，种植其他的灌木和花丛，完成灌木和花丛的种植。

14.1.6 人物的添加

01 按Ctrl+O快捷键，打开"人物.psd"素材图片，如图14-42所示。

02 选择"矩形选框工具" ，框选人物，选择"移动工具"，将人物素材移动到当前窗口中，如图14-43所示。

图14-42 人物素材

图14-43 移动人物素材到当前窗口

03 按Ctrl+T快捷键，进入"自由变换"状态，调整其大小及位置，如图14-44所示。

04 使用同样的方法，添加其他的人物素材，完成添加人物后的效果如图14-45所示。

图14-44 调整人群的大小

图14-45 添加人物的效果

> **注 意**
>
> 通常人物要添加在大门口、广场等重要的区域，这样可以增添场地的氛围。同时还要注意人群的走向，一般只集中于一个方向，这样人物的表现有集中感。

14.1.7 汽车的添加

01 按Ctrl+O快捷键，打开"鸟瞰车.png"的素材，如图14-46所示。

02 选择"移动工具"，将鸟瞰车素材移动到当前窗口中，如图14-47所示。

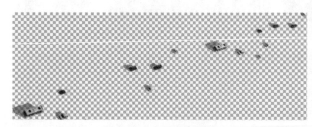

图14-46 鸟瞰车的素材

图14-47 移动鸟瞰车素材到当前窗口

03 按Ctrl+T快捷键，调整鸟瞰车的大小和位置，按Enter键确认，如图14-48所示。

04 用同样的方法添加其余的鸟瞰车，如图14-49所示。

图14-48 调整鸟瞰车的大小

图14-49 添加鸟瞰车

14.1.8　画面补充

若发现画面还不够完善或还有某些欠缺的时候，需要进行画面补充。此幅鸟瞰图右上角的田径场还没有表现完成，需要加以补充。

01 按Ctrl+O快捷键，打开"田径场.jpg"素材，如图14-50所示。

02 选择"移动工具" ，将田径场素材移动到当前窗口中，并将图层命名为"田径场"，如图14-51所示。

图14-50 田径场素材

图14-51 移动素材到当前窗口

03 按Ctrl+T快捷键，进入"自由变换"状态，按住Ctrl键的同时，拖动4个控制点，调整素材的透视方向和比例，使其透视方向和大小合适，按Enter键确认。调整后的效果如图14-52所示。

04 单击田径场图层前的眼睛按钮 ，使图层隐藏，再将当前图层设置为彩色通道图层，选择"魔棒工具" ，单击彩色通道图层的田径场区域，建立如图14-53所示的选区。

图14-52 调整素材的大小和位置

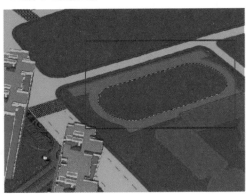

图14-53 建立选区

05 将彩色通道图层隐藏，再将当前图层设置为田径场图层，单击图层面板底部的"添加图层蒙版"按钮 ，建立选区蒙版，效果如图14-54所示。

06 可以看出，田径场的左边与周围环境相接得不自然，需要用树木来遮挡，使田径场与周围环境较好地相融。

用前面介绍的方法种植树木，效果如图14-55所示。

图14-55 种植树木

图14-54 建立蒙版

14.1.9 云雾的制作

01 按Ctrl+Shift+N快捷键，新建一个图层，将其命名为"云雾"。

02 选择"渐变工具" ，在工具选项栏中选择"白色到透明"的渐变模式，在"云雾"图层进行从上到下的短距渐变，如图14-56所示。

03 按Ctrl+Shift+N快捷键，新建一个图层，命名为"右边云雾"。

图14-56 渐变效果

> **注意**
>
> 根据整体鸟瞰图可知，光线主要从右上角射出，所以要再做一个从右上角射出的光线，再在图的右边加上偏白色的云雾。

04 选择"渐变工具" ，选择"白色到透明"的渐变模式，在"右边云雾"图层进行右上角的短距渐变，如图14-57所示。

05 按照同样的方法，在图的左边添加一层淡蓝色的云雾，效果如图14-58所示。

图14-57 制作左边阳光照射的效果

图14-58 在图左边添加淡蓝色的云雾

14.1.10 最终调整

01 按Ctrl +O快捷键，打开"影子.png"素材，如图
14-59所示。

图14-59 影子素材

02 选择"移动工具" ，拖动影子素材到效果图操作窗口，重命名该图层为"影子"图层，如图
14-60所示。

03 按Ctrl+T快捷键，调整影子的大小和位置，按Enter键确认，最终效果如图14-61所示。

图14-60 移动素材到当前窗口

图14-61 添加影子

14.1.11 最终效果

按C键，切换到"裁剪工具" ，裁剪多余的图
像，调整画面构图，最终效果如图14-62所示。

图14-62 居住小区鸟瞰图最终效果图

14.2 旅游区规划鸟瞰图后期处理

　　旅游区规划鸟瞰图后期处理需要把握好整体的透视关系，因为鸟瞰图的角度是从空中俯视，因此建筑物及地面、树木、草地、人物等配景的透视关系要保持一致。需要把握好整体的颜色，使配景、环境与建筑色调保持和谐、统一。还需要合理组织配景。使配景安排合理有序，疏密有致，给人以美的享受。

14.2.1 草地处理

01 运行Photoshop CC软件，按Ctrl+O快捷键，打开旅游区鸟瞰图初始文件。里面包含了背景层和一个
颜色材质通道，如图14-63所示。

02 按Ctrl+O快捷键，打开"草地.jpg"素材，如图14-64所示。

图14-63 鸟瞰图初始界面

图14-64 草地素材

03 选择"移动工具" ，拖动草地素材到效果图操作窗口，重命名该图层为"草地"图层，按Ctrl+T快捷键，调整草地素材的大小，最后效果如图14-65所示。

04 按住Alt键不放，拖动鼠标，复制草地图层，如图14-66所示。

图14-65 移动草地到当前窗口

图14-66 拷贝草地图层

05 选择"橡皮擦工具" ，将草地衔接的痕迹擦掉，使草地衔接自然，效果如图14-67所示。

06 按照同样的方法，将草地铺满所有绿化的区域，按住Shift键，选中所有的草地图层，按Ctrl+E快捷键，合并草地图层，如图14-68所示。

图14-67 衔接草地

图14-68 添加草地

07 将当前图层切换到材质通道图层，选择"魔棒工具" ，单击彩色通道图层的粉红色区域，建立如图14-69所示的选区。

08 单击彩色通道图层前面的眼睛按钮 ，先将彩色通道图层隐藏，再切换到"草地"图层，单击图层面板底部的"添加图层蒙版"按钮 ，建立选区蒙版，将多余的草地隐藏，如图14-70所示。

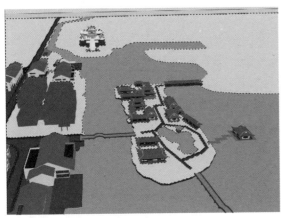

图14-69 建立选区

图14-70 添加蒙版

14.2.2 制作水面

01 按Ctrl+O快捷键，打开"水景.jpg"素材，如图14-71所示。

02 选择"移动工具" ，拖动水景素材到效果图操作窗口，将图层名称设置为"水面"，按Ctrl+T快捷键，调整水景素材的大小，按Enter键确认，效果如图14-72所示。

图14-71 水景素材

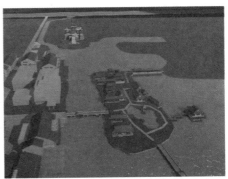

图14-72 调整水景素材的大小和位置

03 将当前图层切换到材质通道图层，选择"魔棒工具" ，单击彩色通道图层的水面区域，建立如图14-73所示的选区。

04 单击彩色通道图层前面的眼睛按钮 ，先将彩色通道图层隐藏，再切换到"水面"图层，单击图层面板底部的"添加图层蒙版"按钮 ，建立选区蒙版，将多余的水面隐藏，如图14-74所示。

图14-73 建立选区

图14-74 添加蒙版

14.2.3 路面处理

01 仔细观察可以发现在3d Max渲染中，有些路面缺失了，需要将其补充完整。如图14-75所示。

02 将"背景"图层设为当前图层，选择"多边形套索工具"  ，选择一段道路，建立如图14-76所示的选区，再按Ctrl+J快捷键，将路面复制，得到如图14-77所示的小段路面。

图14-75 路面缺失

图14-76 建立选区

03 选择"移动工具" ，将复制的小段路面素材移动到合适位置，按Ctrl+T快捷键，调整路面素材的大小和位置，按Enter键确认，最后效果如图14-78所示。

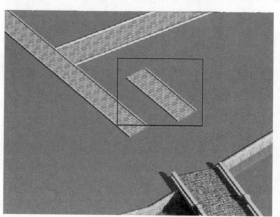

图14-77 复制路面

图14-78 调整路面素材的大小和位置

04 选择"多边形套索工具" ，选择多余的路，按Delete键删除对象，如图14-79所示。

05 按照同样的方法，将其余缺损的路面补充完整，如图14-80所示。

图14-79 删除多余的路

图14-80 完善路面

14.2.4 种植树木

01 按Ctrl+O快捷键，打开"树木.psd"素材，如图14-81所示。

02 先种植远处的树木，选择"移动工具" ，移动树木素材到效果图操作窗口，并将图层命名为"树木1"，效果如图14-82所示。

图14-81 树木素材

图14-82 移动树木素材到当前窗口

03 按Ctrl+T快捷键，进行自由变换，调整树木的大小，按Enter键确认，最后效果如图14-83所示。

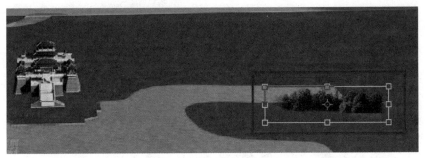

图14-83 调整树木素材的大小

04 按住Alt键不放，拖动鼠标，完成同一图层的树木素材的复制，效果如图14-84所示。

05 按Ctrl+E快捷键，将添加好的树木所在图层进行合并。

06 按照同样的方法种植其他的周围环境中的树木，注意树木的数量以及树影的方向，效果如图14-85所示。

图14-84 复制树木素材

图14-85 种植周边区域的树木

07 添加驳岸石头，丰富驳岸景观，营造自然的氛围，效果如图14-86所示。

08 种植中间小岛上的植物，按照从远到近的种植方法（注意常绿树种与色叶树种的搭配，营造丰富多姿的植物景观）按Ctrl+O快捷键，打开树木素材，选择"移动工具" ，移动树木素材到效果图操作窗口。

09 将图层的不透明度调为50%，以方便后面的选择操作。选择"多边形套索工具" ，选择覆盖在建筑上的树木，按Delete键删除，如图14-87所示。

图14-86 添加驳岸景观　　　　　　　　图14-87 删除多余的树木

10 再将图层的不透明度设为100%，效果如图14-88所示。

11 按照同样的方法，种植小岛上的其余树木，效果如图14-89所示。

图14-88 恢复图层的不透明度　　　　　　图14-89 种植小岛上的树木

注意

可以按Ctrl+B快捷键，打开"色彩平衡"对话框，通过调节参数来改变树木素材的颜色，这样种植的树木就不显得单调。并且一定要注意观察树木的大小、位置、色调及明暗程度，使它们与鸟瞰图场景中的色调相协调；另外，它们的大小与视角也要和主体建筑所表现的透视关系保持一致。同时，在添加树木时还要注意调整图层的顺序。

14.2.5　给水面添加倒影

01 在"图层"面板中，选择"水岸植物"图层为当前图层，如图14-90所示。

02 按Ctrl+J快捷键，复制一个新图层，命名为"倒影"，如图14-91所示。

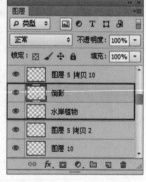

图14-90 选择水岸植物图层　　图14-91 复制新图层

03 按Ctrl+T快捷键，进入"自由变换"状态，单击鼠标右键，选择"垂直翻转"选项，如图14-92所示。

04 使用自由变换命令，调整倒影的位置，如图14-93所示。

图14-92 垂直翻转命令　　　　　　　　　　　　图14-93 调整倒影位置

05 按Ctrl+[快捷键，将"倒影"图层调整至"水岸植物"图层的下方，如图14-94所示。

06 设置"倒影"的不透明度为40%，如图14-95所示。

图14-94 调整图层次序　　　　　　　　　　　图14-95 设置图层不透明度

07 执行"滤镜"|"扭曲"|"水波"命令，在弹出的"水波"对话框中设置参数，如图14-96所示。

08 按E键，切换到"橡皮擦工具" ，将倒影与水面衔接生硬的边缘擦除，效果如图14-97所示。

图14-96 设置水波参数

09 使用同样的方法制作出其他的水面倒影，效果如图14-98所示。

图14-97 擦除边缘　　　　　　　　　　　图14-98 制作出其他的水面倒影

14.2.6 制作周边环境

01 按Ctrl+Shift+N快捷键，新建一个图层，命名为"云雾"，如图14-99所示。

02 选择"套索工具" ，灵活选取图像中产生云雾的地方，如图14-100所示。

图14-99 新建"云雾"图层　　　　　　　　图14-100 建立选区

03 按Shift+F6快捷键，弹出"羽化选区"对话框，设置羽化半径为100像素，单击"确定"按钮，如图14-101所示。

04 按Ctrl+Shift+I快捷键，反选选区，再设置前景色为白色，按Alt+Delete快捷键，快速填充前景色，如图14-102所示。

图14-101 设置羽化值　　　　　　　　图14-102 填充前景色

05 按Ctrl+D快捷键，取消选择，执行"滤镜"|"模糊"|"高斯模糊"命令，将模糊参数设置为最大，如图14-103所示。

06 选择"橡皮擦工具" ，擦除多余的部分，最终效果如图14-104所示。

图14-103 高斯模糊　　　　　　　　图14-104 最终效果

15 Chapter

特殊效果图后期处理

　　有些时候，为了表现建筑设计师的主观意识，更好地体现建筑风格，需要表达一种特殊的意境，让人们更深切地了解设计师对该建筑项目的设计思想，以使那些对常规表现方法不是很满意的甲方眼前豁然一亮，这就是特殊建筑效果图。

　　本章将重点介绍建筑表现中常见的雨景、雪景等特殊效果图的制作方法。

15.1 特殊建筑效果图表现概述

总的来说，特殊效果图大致可分为两类：一类是为了表现某种特定场景而制作的效果图，如雨景、雪景、雾天等特殊天气状况；一类是为了展示建筑物的特点，通过夸张的色彩、造型等内容来表现效果图。

15.2 雪景效果图表现

为了表现下雪这一特殊场景，极力展现建筑效果图的美感，这里学习雪景表现常用的两种手法，一种是利用雪景素材合成法，另外一种是利用快捷键制作积雪的方法制作雪景效果图。

15.2.1 素材合成制作雪景

在动手制作雪景效果图之前，先来看看处理前后效果对比，如图15-1和图15-2所示。

图15-1 处理前

图15-2 处理后

1. 添加天空

01 运行Photoshop CC软件，按Ctrl+O快捷键，打开"雪景效果图制作前.png"文件，如图15-1所示。

02 按Ctrl+O快捷键，打开"天空.jpg"素材，如图15-3所示。

03 选择"移动工具" ，拖动天空图像到效果图操作窗口，将图层命名为"天空"，调整图层叠放次序，将其置于"背景"图层的下方，如图15-4所示。

图15-3 天空素材

图15-4 移动天空岛到当前窗口

04 按Ctrl+T快捷键调整其大小，使之铺满整个天空区域，再按Enter键确认，如图15-5所示。

05 素材天空的颜色是淡蓝色调的，不太符合雪景的天空效果，所以需要将其颜色调为蓝灰色。按Ctrl+B快捷键，打开"色彩平衡"对话框，调整天空颜色，如图15-6所示。

图15-5 调整天空的大小

图15-6 调节天空的色彩

2. 雪景合成

01 按Ctrl+O快捷键，打开"雪景素材.psd"，如图15-7所示。

02 显示彩色通道图层，选取草地区域，建立如图15-8所示的选区。

图15-7 雪景素材

图15-8 建立选区

03 按Ctrl+O快捷键，打开"雪景.jpg"文件，如图15-9所示。

04 选择"矩形选框工具" ⬚，建立如图15-10所示的选区。

图15-9 雪景图片

图15-10 建立选区

05 选择"移动工具" ⊕，拖动选取的雪地到雪景效果图操作窗口，将图层命名为"雪地"，如图15-11所示。

06 按Ctrl+T快捷键，进入"自由变换"状态，调整好雪地的大小和位置，如图15-12所示。

图15-11 移动雪地素材到当前窗口

图15-12 调整雪地素材的大小和位置

07 按住Ctrl键，单击图层缩览图，将雪地全选，按住Alt键不放，拖动鼠标，完成同一图层的雪地复制，要注意两块雪地的衔接处需要柔化处理，如图15-13所示。

08 选择"橡皮擦工具" ✐，将雪地衔接的痕迹擦掉，使雪地衔接自然，效果如图15-14所示。

图15-13 复制雪地

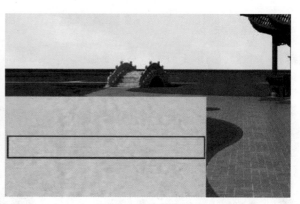

图15-14 衔接雪地

09 按照同样的方法，用雪地覆盖草地的区域，效果如图15-15所示。

10 将彩色通道图层切换到当前图层，选择"魔棒工具" 🔍，单击彩色通道图层的灰色区域，建立如图15-16所示的选区。

图15-15 添加雪地

图15-16 建立选区

11 单击彩色通道图层前面的眼睛按钮 👁，先将彩色通道图层隐藏，再切换到"雪地"图层，单击图层面板底部的"添加图层蒙版"按钮 ▣，建立选区蒙版，如图15-17所示。

12 首先添加远景素材，选择树群素材。选择"移动工具" ▶⊕，拖动树群素材到效果图操作窗口，如图15-18所示。

图15-17 建立蒙版

图15-18 移动树群到当前窗口

13 按Ctrl+T快捷键调整其大小，再按Enter键确认。注意将图层置于"背景"图层的下面，以便调整远景素材，效果如图15-19所示。

14 有些调入作为远景素材的饱和度很高，需要通过调节其不透明度来表现远景的效果，将远景素材的不透明度改为70%，如图15-20所示。调整远景不透明度的前后对比效果如图15-21和图15-22所示。

图15-19 调整远景树群的大小

图15-20 调整不透明度

图15-21 调整不透明度前

图15-22 调整不透明度后

15 为了方便图层序列的排列，在这里首先将亭子单独分离出来，打开彩色通道图，选取亭子区域，建立如图15-23所示的选区。

16 单击彩色通道图层前的眼睛按钮 ◉ ，使图层隐藏，再将当前图层设置为"背景"图层，按Ctrl+J快捷键复制亭子，效果如图15-24所示。

图15-23 建立选区

图15-24 复制亭子

17 按照前面介绍的方法，从远到近添加树木，效果如图15-25所示。

18 按Ctrl+O快捷键，打开"雪景素材2.psd"，如图15-26所示。

图15-25 添加树木

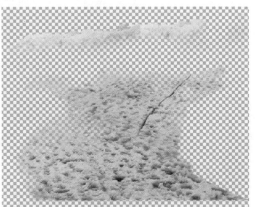

图15-26 雪景素材

19 选取雪地的素材，选择"移动工具" ，拖动选取的雪地素材到雪景效果图操作窗口，将图层命名为"亭子顶积雪"，如图15-27所示。

20 按Ctrl+T快捷键，进入"自由变换"状态，调整其大小和位置，如图15-28所示。

图15-27 移动素材到操作窗口

图15-28 调整大小

21 将当前图层切换到彩色通道图层，选择"魔棒工具" ，建立如图15-29所示的选区。

22 单击彩色通道图层前面的眼睛按钮 ，先将彩色通道图层隐藏，再切换到"亭子顶积雪"图层，单击图层面板底部的"添加图层蒙版"按钮  ，建立选区蒙版，如图15-30所示。

图15-29 建立选区

图15-30 建立蒙版

23 选择"橡皮擦工具" ，擦去多余的雪，制作出积雪的体积感，如图15-31所示。

24 切换到"雪景素材"窗口，如图15-32所示。

图15-31 用橡皮擦擦去多余的雪

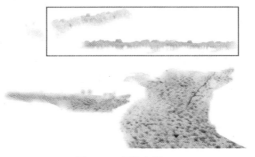

图15-32 雪景素材二

25 选择"移动工具" ，拖动选取的雪地素材到雪景效果图操作窗口，按Ctrl+T快捷键，进入"自由变换"状态，调整其大小和位置，效果如图15-33所示。

图15-33 细化亭子上的积雪

26 按照同样的方法，给亭子后面的廊架添加积雪的效果，但要注意将遮挡亭子柱的雪给删除，选择"矩形选框工具" ，选择遮挡亭子柱的雪，按Delete键删除，对比效果如图15-34和图15-35所示。

图15-34 删除前

图15-35 删除后

27 切换到雪景素材窗口，如图15-32所示。

28 选择"移动工具" ，拖动选取的雪地素材到雪景效果图操作窗口，将图层命名为"路面雪"，再按Ctrl+T快捷键，进入"自由变换"状态，调整其大小和位置，如图15-36所示。

29 将当前图层切换到彩色通道图层，选择"魔棒工具" ，单击彩色通道图层的路面区域，建立如图15-37所示的选区。

图15-36 给路面添加雪

图15-37 建立路面的选区

30 单击彩色通道图层前面的眼睛按钮 ，先将彩色通道图层隐藏，再切换到"路面雪"图层，单击图层面板底部的"添加图层蒙版"按钮 ，建立选区蒙版，如图15-38所示。

31 可以看出，雪地的边界处比较生硬，需要再覆盖雪地素材，将边界自然化。画面左边的坐凳上也需要做出积雪的效果，效果如图15-39所示。

图15-38 添加蒙版

图15-39 画面补充

3. 添加人物

01 按Ctrl+O快捷键，打开"人物.psd"素材，如图15-40所示。

02 选择"移动工具" ，拖动人物素材到效果图操作窗口，如图15-41所示。

图15-40 人物素材

图15-41 移动人物素材到当前窗口

03 按Ctrl+T快捷键，进入"自由变换"状态，调整人物的大小和位置，如图15-42所示。

图15-42 调整人物的大小和位置

4．制作雪花

飞舞的雪始终是雪景表现的一个关键元素，纷飞的雪花，不仅美化了画面，而且营造了浪漫的雪景气氛，使设计构思能更好地通过画面来进行诠释。

01 按Ctrl+Shift+N快捷键，新建一个图层，填充白色。

02 执行"滤镜" | "像素化" | "点状化"命令，参数设置如图15-43所示。

> **提 示**
>
> 点状化的参数设置得越大，雪花就越大，反之越小。

03 执行"图像"|"调整"|"阈值"命令，设置参数如图15-44所示。阈值的参数设置的越大雪花数目就越多，反之越少。

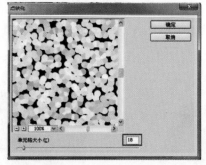

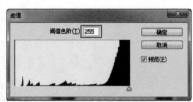

图15-43 点状化参数设置　　　　图15-44 阈值参数设置

04 选择"魔棒工具"，设置容差为0，单击图像中的黑色区域，将黑色区域选中，按Ctrl+Shift+I快捷键反选选区，选取白色片状图像。

05 按Ctrl+Shift+N快捷键，新建一个图层，填充白色，效果如图15-45所示。

图15-45 雪花效果

06 执行"滤镜"|"模糊"|"高斯模糊"命令，弹出"高斯模糊"对话框，设置参数如图15-46所示。然后再执行"滤镜"|"模糊"|"动感模糊"命令，弹出"动感模糊"对话框，设置参数如图15-47所示。

07 完成滤镜操作之后，效果如图15-48所示，给片状的雪花添加了模糊和动感模糊处理，使之具有动感。

08 为了突出表现主体，将视线引向中心，最后选择"橡皮擦工具"，将中心部分的雪花擦掉，使亭子部分很清晰地展现出来，如图15-49所示。

图15-46 "高斯模糊"对话框　　　图15-47 "动感模糊"对话框

图15-48 完成滤镜操作后的雪花效果　　　图15-49 擦除中心的雪花效果

5. 调整

最后调整这一步主要是对画面的完善和补充，整体色彩的细微调整。

☑️01 为画面的前景添加阴影，使中景突出。按Ctrl+O快捷键，打开阴影素材，如图15-50所示。

☑️02 选择"移动工具" ，拖动阴影素材到效果图操作窗口，如图15-51所示。

图15-50 阴影素材

图15-51 移动阴影素材到当前窗口

☑️03 按Ctrl+T快捷键，进入"自由变换"状态，调整阴影的大小和位置，如图15-52所示。

☑️04 调整图像整体的颜色，单击图层面板底部的"创建新的填充或调整图层"按钮 ，在弹出的快捷菜单中选择"色彩平衡"选项，设置参数如图15-53所示。

图15-52 调整阴影大小和位置

图15-53 "色彩平衡"参数设置

☑️05 按Tab键，隐藏所有的面板，查看最终效果，如图15-54所示。

图15-54 色彩平衡效果

15.2.2 快速转换制作雪景

前面学习了用素材合成雪景，下面学习直接将日景快速转换为雪景图，看看又是怎样的效果。

☑️01 启用Photoshop CC软件，按Ctrl+O快捷键，打开"初始图.psd"文件，如图15-55所示。

02 选择"树木"图层，执行"选择"|"色彩范围"命令，将"树木"图层的高光区域选中，以备制作积雪效果，参数设置如图15-56所示。

图15-55 初始图

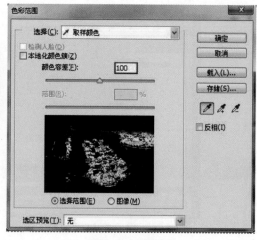

图15-56 色彩范围

03 单击"确定"按钮，得到选区，按Shift+F6快捷键，弹出"羽化选区"对话框，羽化半径设置为2像素。

04 按Ctrl+Shift+N快捷键，新建一个图层，设置前景色为白色，按Alt+Delete快捷键，快速填充前景色，效果如图15-57所示。

05 观察发现，除了景物部分全部加上了积雪效果，一些不该出现积雪的地方也出现了积雪效果。选择"橡皮擦工具" 将其擦除，最后效果如图15-58所示，一片银装素裹的景象就展现在了眼前。

图15-57 填充白色

图15-58 擦除多余积雪

15.3 雨景效果图后期处理

雨景图的处理在后期处理中不经常见，但是作为一类特殊效果图，自然有其独特的魅力，因而倍受青睐。雨景图的处理和雪景图的处理方法类似，但也有细微差别。本节将讲述雨景的制作方法和技巧。

15.3.1 快速转换日景为雨景

1. 打开素材，更换天空背景

01 运行Photoshop CC软件，按Ctrl+O快捷键，打开"日景.psd"效果图文件，如图15-59所示。

02 按Ctrl+O快捷键，打开"天空.jpg"素材，如图15-60所示。

图15-59 日景效果图

图15-60 天空素材

03 删除"日景"图像中的"天空"图层，将天空素材移动到当前操作窗口，如图15-61所示。

04 这个新添加的天空素材偏亮，需要调整亮度，制作出雨天暗沉的天空。按Ctrl+Shift+N快捷键，新建一个图层，再在天空的区域添加深蓝色的渐变，效果如图15-62所示。

图15-61 替换天空素材

图15-62 调整天空颜色

05 将原文件中的树木颜色调整为蓝绿色，使之与天空颜色相协调，按Ctrl+B快捷键，打开"色彩平衡"对话框，调整"中间调"和"高光"参数，如图15-63和图15-64所示。调整后的效果如图15-65所示。

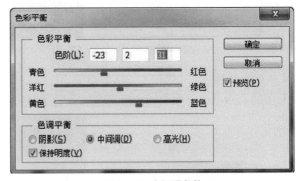

图15-63 中间调参数

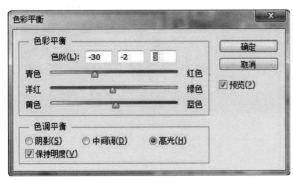

图15-64 高光参数

图15-65 调整树木色彩

2. 制作雨点效果

按Ctrl+Shift+N快捷键，新建一个图层，填充为白色。

执行"滤镜"|"像素化"|"点状化"命令，弹出"点状化"对话框，设置参数如图15-66所示。

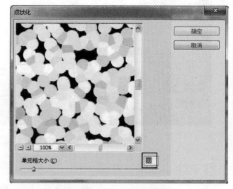

图15-66 点状化参数

03 执行"图像"|"调整"|"阈值"命令，弹出"阈值"对话框，设置参数如图15-67所示。

04 将阈值调整层的不透明度设为50%，更改图层的"混合模式"为"滤色"，效果如图15-68所示。

图15-67 阈值参数

图15-68 "滤色"模式

05 执行"滤镜"|"模糊"|"动感模糊"命令，弹出"高斯模糊"对话框，设置参数如图15-69所示。其中角度值决定雨下落的方向，距离值决定模糊的强度。调整后的效果如图15-70所示。

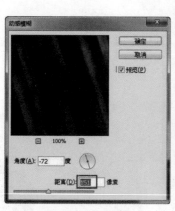

图15-69 动感模糊

图15-70 动感模糊后的效果

3. 添加水面雾气

01 给整个画面添加了雨丝效果后，接下来制作水面的雾气，按Ctrl+Shift+N快捷键，新建一个图层。

02 设置前景色为浅蓝色，色值为"#c6e5f9"，如图
15-71所示。

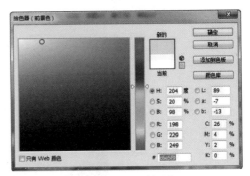

图15-71 设置前景色

03 选择边缘过渡柔和的笔刷，设置其不透明度为30%，在水面的边缘涂抹绘画，如图15-72和图
15-73所示。

图15-72 添加雾气前

图15-73 添加雾气后

04 执行"滤镜"|"模糊"|"高斯模糊"命令，弹出"高斯模糊"对话框，设置参数如图15-74所示。
调整后的效果如图15-75所示。

图15-75 高斯模糊后的效果

图15-74 高斯模糊

05 按同样的方法制作湿漉漉的路面，效果如图15-76所示。

图15-76 制作湿漉的路面效果

4. 最终调整

01 添加雨景人物，如图15-77所示。

02 按Ctrl+B快捷键，打开"色彩平衡"对话框，
设置参数如图15-78所示，最后的雨景效果如图
15-79所示。

图15-77 添加人物

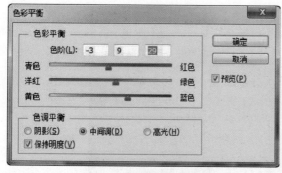

图15-78 调节色彩平衡

图15-79 最后效果图

15.3.2 雨景建筑效果图后期处理

前面介绍的是快速将日景效果图转换为雨景的方法，这只是一种应急的方法。如果想获得更为逼真
的雨景效果，应在3ds Max中渲染出效果，然后再在Photoshop CC中合成雨景，下面学习该类效果图的
后期处理方法，处理前后的效果对比如图15-80和图15-81所示。

图15-80 3ds Max 渲染效果

图15-81 后期合成的雨景效果

1. 添加天空和水体

01 运行Photoshop CC软件，按Ctrl+O快捷键，打开"建筑渲染图.psd"文件，如图15-80所示。

02 分离建筑图像，添加天空背景，确定效果图整体的颜色色调，如图15-82所示。

图15-82 添加天空背景

03 根据整体基调，添加合适的水体素材，效果如图15-83所示。

图15-83 添加水体

2. 调整建筑明暗关系

01 调整屋顶高光，切换至"通道图层"，选择"魔棒工具"，选择屋顶，如图15-84所示。

02 新建"屋顶高光"图层，并按Alt+Delete快捷键，填充白色，然后调整图层的不透明度为22%，设置图层混合模式为"叠加"，选择"橡皮擦工具"，擦出如图15-85所示的高光效果。

图15-84 选择屋顶

图15-85 添加屋顶高光

03 调整建筑色调，在"通道图层"中，选择如图15-86所示的区域。

图15-86 建立选区

04 隐藏"通道图层"，切换至"建筑"图层，按Ctrl+J快捷键拷贝所选择的区域，并修改图层名称为"建筑1"。

05 按Ctrl+B快捷键，打开"色彩平衡"对话框，设置参数如图15-87所示。

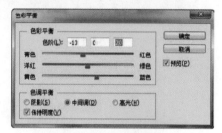

图15-87 设置"色彩平衡"参数

06 色彩平衡调整结果如图15-88所示。

图15-88 调整色调后结果

07 调整明暗效果与整体不统一的区域，选择"矩形选框工具" ，建立如图15-89所示的选区。

08 新建图层，并在"拾色器"中选择灰色，然后对上一步选取的区域进行渐变操作，并调整图层不透明度为34%，效果如图15-90所示。

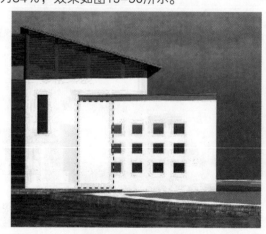

图15-89 建立矩形选区

图15-90 渐变结果

09 调用相同的方法对其他区域进行调整，效果如图15-91所示。

图15-91 其他区域调整

10 切换至"通道"图层，选择如图15-92所示区域，然后新建图层，并在新建的图层上填充白色。

图15-92 建立选区

11 更改图层混合模式为"叠加"，并调整不透明度为53%，效果如图15-93所示。

图15-93 调整效果

12 调整玻璃光感，建立如图15-94所示的选区。

13 新建"玻璃1"图层，并按Alt+Delete快捷键，为图层填充淡蓝色，调整图层透明度为26%，效果如图15-95所示。

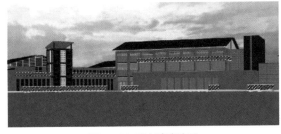

图15-94 建立玻璃选区

图15-95 玻璃调整效果

14 使用相同方法，调整其他玻璃光感效果，调整后效果如图15-96所示。

15 继续使用前面介绍到的方法，对建筑其他部分进行调整，效果如图15-97所示。

图15-96 调整其他玻璃效果

图15-97 建筑调整后效果

16 添加树、灌木、草、人物等配景，并制作出下雨效果，最后效果如图15-98所示。

图15-98 最后效果图